SUBJETIVIDADE E SUPERAÇÃO DAS DIFICULDADES DE APRENDIZAGEM DE BIOLOGIA

Catalogação na Fonte
Elaborado por: Dayanne Leal Souza
Bibliotecária CRB 9/2162

B574s
2025

Bezerra, Hanna Patrícia da Silva
Subjetividade e superação das dificuldades de aprendizagem de biologia / Hanna Patrícia da Silva Bezerra, José Moysés Alves. - 1. ed. - Curitiba: Appris, 2025.
237 p. ; 23 cm. - (Coleção Ensino de Ciências).

Inclui referências.
ISBN 978-65-250-7624-9

1. Superação. 2. Aprendizagem. 3. Biologia. 4. Ensino médio. 5. Bioficinas. I. Bezerra, Hanna Patrícia da Silva. II. Alves, José Moysés. III. Título. IV. Série.

CDD - 372.357

Livro de acordo com a normalização técnica da ABNT

Appris editorial

Editora e Livraria Appris Ltda.
Av. Manoel Ribas, 2265 - Mercês
Curitiba/PR - CEP: 80810-002
Tel. (41) 3156 - 4731
www.editoraappris.com.br

Printed in Brazil
Impresso no Brasil

Hanna Patrícia da Silva Bezerra
José Moysés Alves

SUBJETIVIDADE E SUPERAÇÃO DAS DIFICULDADES DE APRENDIZAGEM DE BIOLOGIA

Appris editora

Curitiba, PR
2025

Para Evy, Maroca e Sofia.

AGRADECIMENTOS

Aos familiares de Hanna, em especial sua mãe Rosângela Pessoa, e seu irmão, Fabrício Bezerra. Eles foram essenciais na trajetória do trabalho desenvolvido e consolidado neste livro.

À professora Maristela Rossato, pela escrita generosa do nosso prefácio e pelas valiosas contribuições durante o processo de pesquisa.

Ao Campus Santana do Instituto Federal do Amapá (IFAP), pelo apoio e parceria na realização da pesquisa apresentada neste livro.

À Universidade Federal do Pará, pelo processo de formação desenvolvido no âmbito do Programa de Pós-graduação em Educação em Ciências e Matemática (PPGECM).

Aos colegas e docentes do Grupo de Estudos e Pesquisas Sujeitos que Aprendem e Ensinam Ciências, pelos momentos de discussão e construção de conhecimento.

Às professoras Andrela Parente, Ariadne Contente, Marciléa Resque e Maristela Rossato, pelas contribuições no processo de avaliação da Tese de doutorado de Hanna. Elas foram de grande importância para o aperfeiçoamento e avanço do trabalho desenvolvido no processo da pesquisa.

Cada leitor constrói seu próprio livro, assim como cada espectador constrói seu próprio filme ou cada aluno constrói sua própria física, sua própria química ou sua própria Biologia.

(Pozo; Gómez Crespo, 2009, p. 86)

PREFÁCIO

Uma obra que seja fruto de uma tese de doutoramento é, sem dúvida nenhuma, uma contribuição ímpar por conseguir demonstrar, com propriedade, todo o percurso de construção de conhecimento dos autores. Em uma obra dessa natureza, não só é possível entrar em contato com o conhecimento produzido, mas também conhecer e compreender os processos que possibilitaram chegar a esse conhecimento.

O capítulo da fundamentação teórica nos traz, com propriedade, a Teoria da Subjetividade, desenvolvida por Fernando González Rey, e merece ser lido, estudado e compreendido em profundidade, pois possibilita uma aproximação com o redimensionamento do olhar dos autores em relação aos processos de aprendizagem e dificuldades de aprendizagem. O reconhecimento dos processos subjetivos na superação das dificuldades de aprendizagem de Biologia, título da presente obra, é um marco na produção do conhecimento em ciências naturais, como podemos observar se comparado aos rumos que tem assumido as produções sobre dificuldades de aprendizagem em Biologia, registrado no capítulo da revisão da literatura produzida pelos autores.

Na sequência do livro, a existência de uma abordagem epistemológica que dá sustentação à metodologia em um trabalho de pesquisa é uma particularidade de extrema importância, que poucas vezes é encontrado em trabalhos acadêmicos e mesmo em propostas pedagógicas. A Epistemologia Qualitativa foi desenvolvida pelo mesmo autor da Teoria da Subjetividade, com vistas a atender aos desafios e necessidades teóricas do estudo da subjetividade, da forma como a concebeu. Ainda nesse capítulo do livro, as Bioficinas são um diferencial metodológico desenvolvido pelos autores, por se constituírem em campo qualificado para a pesquisa e, também, por serem inspiração para outros pesquisadores e profissionais.

Com o quarto capítulo, é possível ao leitor compreender o resultado da trajetória de pesquisa. Evy, Maroca e Sofia protagonizam histórias que merecem ser conhecidas. A seção sobre a dimensão operacional das dificuldades de aprendizagem das participantes, seguida da seção sobre a configuração subjetiva da ação de aprender, coloca em evidência que o reconhecimento da dimensão subjetiva não pretende suprimir a primeira, mas ampliar largamente o olhar sobre como os processos de aprendizagem são multidimensionais e complexos. O destaque dessa parte da construção dos autores mostra como, por meio das Bioficinas, ocorreram mudanças na configuração subjetiva da ação de aprender, representando a organização de uma produção qualitativamente diferenciada de sentidos subjetivos envolvidos na ação de aprender.

O livro caminha para seu quinto capítulo com a apresentação do modelo teórico desenvolvido por meio da pesquisa. No primeiro item, os autores resgatam os três casos e dialogam com os princípios conceituais, epistemológicos e ontológicos apontados por outros autores como basilares das dificuldades de aprendizagem em Biologia, diferenciando-se de estudos sobre as dificuldades de aprendizagem que tiveram como base a subjetividade na perspectiva histórico cultural. No segundo item, é evidenciada a dimensão subjetiva das dificuldades de aprendizagem de Biologia, com destaque para como a história de vida escolar pode ser um obstáculo à produção de recursos operacionais e subjetivos para aprender Biologia e para como podem existir condições de produções subjetivas desfavoráveis à emergência da condição de agente ou de sujeito no contexto do desenvolvimento de uma aprendizagem compreensiva e criativa. Por fim, no terceiro item do modelo teórico, o destaque fica para as mudanças subjetivas envolvidas na superação das dificuldades de aprendizagem de Biologia.

Como destacado e referenciado no texto, compreendemos que as mudanças subjetivas antecedem o desenvolvimento subjetivo, podendo abrir caminho, ou não, para que ele aconteça. Mudanças subjetivas são reconhecidas quando há uma nova qualidade substancial na natureza dos sentidos subjetivos que são produzidos na ação – de aprender, no caso da pesquisa realizada – e que podem vir a ser uma via para o desenvolvimento subjetivo quando essa mudança mobiliza outras configurações subjetivas constituídas na pessoa. Quando isso ocorre, essa configuração subjetiva se constitui em uma configuração subjetiva de desenvolvimento, tornando-se uma via para o desenvolvimento subjetivo.

Por fim, reitero minha satisfação em prefaciar este livro, na expectativa de que, mais do que ser lido, ele possa inspirar outros pesquisadores a realizarem investigações sérias e aprofundadas dessa natureza, além de dinamizar a compreensão da complexidade implicada nos processos de ensinar e aprender, fortalecendo a importância de que o estudante seja reconhecido e trabalhado em sua integralidade constitutiva.

Prof.ª Dr.ª Maristela Rossato

Doutora em Educação pela Universidade de Brasília. Mestre em Educação pela Universidade Federal do Rio Grande do Sul. Pedagoga. Professora adjunta da Universidade de Brasília, Instituto de Psicologia, Departamento de Psicologia Escolar e do Desenvolvimento.

Universidade de Brasília, julho de 2024

SUMÁRIO

INTRODUÇÃO

A Biologia é a ciência que estuda toda a complexidade de fenômenos e processos relacionados ao funcionamento da vida em nosso planeta. No ensino médio, o conhecimento biológico tem como objetivo contribuir para o desenvolvimento do repertório científico dos estudantes, que os permita compreender as dinâmicas do equilíbrio e da manutenção da vida. De posse desse conhecimento, eles poderão tomar decisões e intervir em questões importantes, como a preservação e a intervenção adequada no ambiente, os cuidados com a saúde, bem como a adesão a hábitos saudáveis de alimentação, higienização e atividades físicas, por exemplo.

Embora pareça uma tarefa simples, o que temos percebido ao longo de nossa trajetória profissional como professora de Biologia[1], é que os discentes têm apresentado dificuldades para, de fato, aprender o conhecimento biológico ensinado nas aulas, a ponto de utilizá-lo para a compreensão do mundo ao seu redor e como suporte para algumas escolhas em seu cotidiano. Muitos estudantes justificam que aprender Biologia é difícil, considerando as características técnicas e específicas do conhecimento, além de partirem de uma concepção de aprendizagem do conteúdo que exige, basicamente, a memorização.

Em nossas pesquisas, verificamos que os processos de ensino e de aprendizagem da Biologia têm sido investigados na área da Educação em Ciências, mas são estudados, predominantemente, em seus aspectos cognitivos e operacionais, em detrimento de outros aspectos, reconhecidamente, importantes. Além disso, o tema da superação das dificuldades de aprendizagem não se apresenta como foco principal de tais estudos. Desse modo, referenciais de investigação mais abrangentes, sobre as dificuldades de aprendizagem de Biologia e sua superação, tornam-se necessários, em razão da complexidade do processo de apender (Bezerra; Alves, 2023).

No Brasil, destacam-se seis grandes grupos de objetos de estudo da Biologia: moléculas, células e tecidos; hereditariedade e diversidade da vida; identidade dos seres vivos; ecologia e ciências ambientais; origem e evolução da vida e qualidade de vida das populações humanas (Bizzo, 2012). Importa que os estudantes relacionem os conceitos destes objetos de conhecimento entre si, contextualizando-os na realidade que

[1] A primeira autora é professora de Biologia da educação básica desde 2007.

vivenciam. Além disso, é necessário que o estudo da Biologia promova a aprendizagem de atitudes e procedimentos científicos (Bannet, 2000; Pozo; Gómez Crespo, 2009). Para tanto, consideramos importante que os discentes desenvolvam, ao longo dos estudos do componente curricular, recursos relacionais e operacionais específicos que os auxiliem no processo de aprendizagem.

Neste livro, a aprendizagem de Biologia não é entendida somente como um processo de desenvolvimento intelectual. Por isso, destacamos a compreensão de aprendizagem de Biologia na perspectiva do conceito de aprendizagem de ciências como produção subjetiva de cultura científica escolar, elaborado por Parente e Alves (2019). Conforme os autores:

> A concepção de aprendizagem em ciências como produção subjetiva é congruente com uma perspectiva de formar os estudantes para uma cidadania participativa e responsável, pois concebe as aprendizagens de tipo compreensiva e criativa, que dependem da produção simbólico-emocional dos sujeitos para a personalização e problematização da informação, bem como para a criação de novas ideias (Parente; Alves, 2019, p. 396).

Nesta concepção, o estudante é compreendido na complexidade de sua subjetividade, e os processos de ensino precisam ser desenvolvidos numa dinâmica dialógica e relacional, que o possibilite emergir na condição de sujeito[2] no seu processo de aprendizagem. Uma abordagem de ensino-aprendizagem das Ciências, a partir desta concepção, pode ser uma alternativa promissora para a mobilização de recursos operacionais, subjetivos e relacionais que favoreçam a superação das dificuldades de aprendizagem em Biologia.

Nesse contexto, propomos a reflexão sobre a superação das dificuldades de aprendizagem em Biologia com estudantes adolescentes, do ensino médio, tendo em vista a dimensão subjetiva da aprendizagem, conforme definido por Mitjáns Martínez e González Rey (2017). Na perspectiva da Teoria da Subjetividade, as dificuldades de aprendizagem se expressam quando as configurações subjetivas dos estudantes, constituídas na dinâmica das ações e relações da escola e de seus diferentes contextos da vida, ao serem confrontadas com o processo de ensino, não apresentam as condições favoráveis para aprender (Rossato; Mitjáns Martínez, 2011).

[2] O termo *sujeito* será utilizado considerando a categoria elaborada no contexto da Teoria da Subjetividade, em que o sujeito é o indivíduo que cria vias próprias de produção subjetiva, transcendendo o espaço normativo (González Rey; Mitjáns Martínez, 2017b). Este conceito será abordado mais detalhadamente no capítulo dois.

O ensino das Ciências, na forma como é desenvolvido no ensino médio, estabelece que cada componente curricular possui um sistema próprio de conceitos científicos, procedimentos, atitudes e relações a ser aprendido pelos estudantes. A aprendizagem dos componentes desse sistema exige dos estudantes um esforço intelectual que envolve diferentes operações cognitivas. Logo, é importante que os aprendizes desenvolvam recursos operacionais específicos para aprenderem os conteúdos conceituais, atitudinais e procedimentais da Biologia. No entanto, esses recursos estão configurados subjetivamente, e o processo de superação das dificuldades de aprendizagem envolve a complexa integração de sentidos subjetivos, que formam a base motivacional e podem favorecer ou não o aprendizado do conhecimento científico desse componente curricular.

Nessa perspectiva, os estudos sobre a superação das dificuldades de aprendizagem escolar, fundamentados na Teoria da Subjetividade, admitem que tal superação ocorre por meio de desenvolvimento subjetivo[3], o que pode ser favorecido por estratégias pedagógicas em que as relações dialógicas, a autonomia e o protagonismo dos estudantes sejam priorizados (Bezerra, M., 2019; Medeiros, 2018; Oliveira, A.; 2017; Rossato, 2009).

Nos estudos que tratam dos processos de ensino e aprendizagem em Biologia, identificamos investigações que atribuem as dificuldades de aprendizagem aos aspectos cognitivos e individuais, tais como a compreensão dos conteúdos científicos específicos, dificuldade de abstração e contextualização, falta de motivação e ausência de conhecimentos básicos, que deveriam ter sido constituídos em séries anteriores (Almeida, *et al.*, 2019; Barros; Araújo, J., 2016; Casas; Azevedo, 2011). Todavia, embora existam argumentos defendendo a importância de que o ensino de Biologia não esteja restrito a processos memorísticos, ainda prevalece um processo de aprendizagem centralizado no conteúdo, assim como o entendimento de que metodologias de ensino diferenciadas resolverão, por si mesmas, as dificuldades de aprendizagem escolar dos estudantes.

No âmbito da Teoria da Subjetividade, as pesquisas sobre a superação das dificuldades de aprendizagem escolar vêm sendo realizadas, principalmente, com crianças em processos de alfabetização, nos anos iniciais do ensino fundamental (Bezerra, M., 2014, 2019; Cardinalli,

[3] O conceito de desenvolvimento subjetivo (González Rey; Mitjáns Martínez, 2017a) e suas relações com o processo de superação das dificuldades de aprendizagem (Rossato, 2009; Rossato; Mitjáns Martínez, 2011) serão abordados no capítulo dois.

2006; Medeiros, 2018; Oliveira, A., 2017; Rossato, 2009). Neste livro, pretendemos apresentar discussões e reflexões acerca da superação das dificuldades de aprendizagem em Biologia de adolescentes, durante o ensino médio.

O fato dos estudos com crianças e com adolescentes serem distintos, não impede que as construções teóricas convirjam para um mesmo espaço de inteligibilidade. No nosso caso, ao abordarmos, especificamente, o componente curricular de Biologia, buscamos gerar novas zonas de sentido a respeito do estudo do desenvolvimento subjetivo no processo de superação das dificuldades de aprendizagem escolar. Mitjáns Martínez (2014) aponta esse tema de pesquisa como um dos que tem sido investigado na perspectiva epistemológica da Teoria da Subjetividade. Nesse movimento, a autora explica:

> O conhecimento produzido por uma pesquisa concreta produz desdobramentos múltiplos e se articula de formas diversas com conhecimentos produzidos em outras pesquisas, o que permite consolidar, enriquecer ou transformar a compreensão dos temas sobre os quais uma teoria avança em um nível mais geral (Mitjáns Martínez, 2014, p. 66).

Nessa direção, o objetivo deste livro é discutir uma compreensão da superação das dificuldades de aprendizagem de Biologia, a partir dos resultados de uma investigação[4], desenvolvida para compreender as dimensões subjetiva e operacional das dificuldades de aprendizagem de Biologia. Nosso foco foram os processos de mudança na configuração subjetiva da ação de aprender, que favoreceram a superação das dificuldades de aprendizagem do componente curricular.

O texto busca contribuir para a produção do conhecimento na área de Educação em Ciências, especialmente em Biologia, possibilitando reflexões sobre o ensino e a aprendizagem, dos conteúdos da área, tendo em vista o aprender como um processo de produção subjetiva. Para tanto, expomos, no primeiro capítulo, algumas discussões sobre a Teoria da Subjetividade e seus conceitos centrais, bem como a nossa concepção de aprendizagem, das dificuldades de aprendizagem e de seus processos de superação no componente curricular Biologia.

[4] Os resultados apresentados e discutidos neste livro são oriundos da tese de doutorado da primeira autora, orientada pelo segundo autor. A pesquisa realizada foi aprovada pelo Comitê de Ética em Pesquisa (CEP), por meio do parecer n. 4.458.850 e se encontra registrada sob o número CAEE 40116820.9.0000.0018.

No segundo capítulo, revisamos artigos, dissertações e teses do campo do ensino de Biologia, refletindo sobre as principais concepções de dificuldades de aprendizagem no componente curricular e sua superação. No terceiro capítulo, apresentamos os princípios fundamentais da Epistemologia Qualitativa e a Metodologia Construtivo-Interpretativa, que orientaram o processo de pesquisa, além de descrever o percurso investigativo que desenvolvemos.

No quarto capítulo, apresentamos e discutimos os estudos de caso de Evy, Maroca e Sofia, destacando a caracterização da dimensão operacional da superação das dificuldades de aprendizagem de Biologia, assim como a configuração subjetiva da ação de aprender, construída em cada um dos casos investigados. Finalizamos nossas reflexões com o capítulo cinco, no qual expomos as nossas principais compreensões, a partir da análise integrativa dos três casos.

Esperamos que o leitor faça bom proveito da leitura e participe do diálogo, necessário, sobre a valorização do processo de ensino-aprendizagem de Biologia, com vistas à formação de cidadãos críticos e criativos.

1

SUPERAÇÃO DAS DIFICULDADES DE APRENDIZAGEM EM BIOLOGIA: COMPREENSÕES TEÓRICAS

As pesquisas sobre as dificuldades e/ou sobre a superação das dificuldades de aprendizagem escolar, no âmbito da Teoria da Subjetividade, avançaram no entendimento da constituição subjetiva de estudantes com dificuldades de aprendizagem, assim como na interpretação dos processos subjetivos que mobilizaram a superação das dificuldades das crianças participantes dos estudos de casos relatados nestes trabalhos (Bezerra, M., 2014, 2019; Cardinalli, 2006; Medeiros, 2018; Oliveira, A., 2017; Rossato, 2009).

Neste livro, buscamos seguir com a compreensão das dificuldades de aprendizagem escolar e seus processos de superação, na perspectiva da Teoria da Subjetividade. Entendemos que aprender Biologia demanda a mobilização e/ou a produção de recursos subjetivos e operacionais específicos, com vistas a promover a compreensão dos conteúdos da área pelos estudantes do ensino médio. Considerando, então, a indissociabilidade simbólico-emocional, o desenvolvimento desses recursos requer mudanças subjetivas no âmbito das configurações subjetivas da ação de aprender.

Este capítulo constitui a fundamentação teórica sobre a qual organizamos as discussões e análises do presente livro. Na primeira parte, apresentamos os conceitos que orientam a produção teórica no âmbito da Teoria da Subjetividade e, na segunda parte, nossas compreensões e reflexões teóricas sobre a superação das dificuldades de aprendizagem de Biologia.

1.1 Conceitos que orientam a produção teórica no âmbito da Teoria da Subjetividade

A subjetividade é definida como um sistema simbólico-emocional que se articula nos níveis individual e social e não representa um sistema fechado, de causalidade linear e regular. Nesse movimento, os processos subjetivos que fazem parte das atividades humanas são considerados complexos e constituídos por sentidos subjetivos produzidos em várias áreas e momentos da vida dos indivíduos. Dentre esses processos, destacamos a aprendizagem, que não abarca somente as experiências concretas e imediatas do estudante no espaço escolar, mas os processos de subjetivação destas experiências e como os fatores da história de vida (subjetividade individual) e da cultura (subjetividade social) se integram aos momentos vividos (González Rey; Mitjáns Martínez, 2017b).

Desse modo, as dificuldades de aprendizagem também se relacionam aos processos subjetivos simultaneamente articulados nos níveis social e individual. A dificuldade para aprender determinado assunto não é algo apenas do estudante, mas dele e de suas relações ou da forma como ele subjetiva e é subjetivado pelos contextos sociais a que pertence. Cardinalli (2006) explica, por exemplo, que o momento de execução de uma tarefa escolar pode ser afetado pela emocionalidade do estudante, bem como pela maneira como ele lida com situações de frustração e de não entendimento de um conteúdo ou de uma explicação, gerando dificuldades de aprendizagem escolar.

Mitjáns Martínez e González Rey (2017, p. 52) afirmam que a subjetividade é uma tentativa de compreender o psicológico humano "como configurações de sentidos subjetivos que apontam para a complexidade, pelo seu caráter multidimensional, recursivo, contraditório e imprevisível". Não *é* uma tentativa de compreendê-la de forma fragmentada ou reducionista, comumente compreendida pelo senso comum. Os autores também afirmam que a subjetividade está em constante movimento pela fluidez da produção dos sentidos subjetivos.

A Teoria da Subjetividade articula conceitos que orientam a construção teórica na pesquisa. São eles: sentidos subjetivos, configurações subjetivas, configuração subjetiva da personalidade, configuração subjetiva da ação, sujeito, agente, subjetividade individual, subjetividade social, recursos subjetivos e desenvolvimento subjetivo. Estes conceitos foram desenvolvidos para gerar inteligibilidade sobre os processos e formas de organização da subjetividade (González Rey; Mitjáns Martínez, 2017b).

Os sentidos subjetivos são as unidades simbólico-emocionais dinâmicas e versáteis da subjetividade. Eles emergem no curso da experiência, definindo o que a pessoa sente e gera nesse processo, integrando passado e futuro como qualidade inseparável da produção subjetiva atual (Mitjáns

Martínez; González Rey, 2017). Durante as atividades que realiza, a pessoa produz e/ou mobiliza sentidos subjetivos que envolvem processos simbólico-emocionais tanto da sua história individual quanto dos espaços sociais que participa. Esses processos simbólico-emocionais se articulam reciprocamente em um sistema complexo e em constante desenvolvimento (González Rey, 2006; 2005).

Nessa direção, Rossato e Mitjáns Martínez (2011, p. 98) explicam que, entre outras razões, as dificuldades de aprendizagem surgem "pela ausência de condições favorecedoras à produção de sentidos subjetivos que promovam a aprendizagem escolar". As autoras enfatizam que, muitas vezes, os sentidos subjetivos produzidos na ação e relação de aprender não são favoráveis à aprendizagem, podendo emergir sentidos subjetivos com desdobramentos impossíveis de serem controlados.

Assim como ocorre nas diversas atividades ou experiências humanas, no processo de aprender os estudantes produzem sentidos subjetivos. Os sentidos subjetivos produzidos podem ser favoráveis ou desfavoráveis à aprendizagem. Sentidos subjetivos desfavoráveis à aprendizagem podem gerar dificuldades na compreensão do conteúdo ensinado. A superação das dificuldades de aprendizagem pode iniciar-se quando o aprendiz passa a produzir sentidos subjetivos favoráveis ao processo de aprender. Esse processo de produção subjetiva é de alta complexidade, não é linear, podendo não ocorrer em um limite de tempo esperado e repercutir de maneiras imprevisíveis.

As configurações subjetivas representam a articulação dos sentidos subjetivos e expressam certa estabilidade em relação à produção subjetiva dos indivíduos no curso de uma experiência (González Rey; Mitjáns Martínez, 2017b). Os sentidos subjetivos que constituem as configurações subjetivas procedem da interação entre subjetividade individual e social, em diferentes momentos da história de vida da pessoa (Mitjáns Martínez; González Rey, 2017).

Dessa forma, os sentidos subjetivos gerados durante o estudo de um conteúdo ou durante uma aula, articulados aos sentidos subjetivos produzidos em outros momentos e contextos, organizam-se de forma complexa e recursiva em configurações subjetivas que podem favorecer ou não o processo de aprender. Em relação às dificuldades de aprendizagem, Rossato e Mitjáns Martínez (2011, p. 99) salientam a existência de configurações geradoras de danos, que podem comprometer a "produção de sentidos subjetivos favoráveis ao aprender escolar". As autoras explicam que algumas configurações subjetivas incluem conteúdos emocionais que podem afetar a produção de sentidos subjetivos e prejudicar a qualidade da aprendizagem ou impedi-la.

Além disso, os sentidos subjetivos produzidos em outras áreas e contextos da vida do estudante podem se expressar na aprendizagem, favorecendo ou não a ação de aprender. Podemos citar como exemplo as produções subjetivas da história de vida escolar. No ensino médio, durante os estudos de Biologia, um aprendiz pode mobilizar sentidos subjetivos produzidos no ensino fundamental durante os estudos de Ciências.

De acordo com a Teoria da Subjetividade, os sentidos subjetivos produzidos pelo indivíduo se organizam em configurações subjetivas da personalidade e da ação. Mitjáns Martínez e González Rey (2017) enfatizam a importância de compreender as diferenças entre elas. De acordo com os autores, a distinção entre os dois tipos de configurações é relevante para compreensão da aprendizagem como processo subjetivo, uma vez que aprender envolve tanto processos individuais quanto sociorrelacionais.

Desse modo, a configuração subjetiva da personalidade é uma configuração de sentidos subjetivos com relativa estabilidade na vida do indivíduo e ocupa lugar importante na subjetividade individual, se organiza e se reorganiza de formas diversas durante as experiências vividas. Apesar de relativamente estáveis, os sentidos subjetivos que formam a configuração subjetiva da personalidade não são fixos e podem emergir em diferentes configurações (Mitjáns Martínez; González Rey, 2017).

As configurações subjetivas da ação correspondem à articulação de sentidos subjetivos mobilizados na ação que a pessoa está desenvolvendo. Estes sentidos dependem das configurações subjetivas da personalidade, constituídas em outros contextos e momentos da história vida da pessoa, e das configurações subjetivas dos contextos sociais nos quais o indivíduo atua (Mitjáns Martínez; González Rey, 2017). Essa categoria é central nas discussões que apresentamos neste livro, uma vez que buscamos compreender a dimensão subjetiva das dificuldades de aprendizagem e os processos de mudança implicados na sua superação, por meio do estudo da configuração subjetiva da ação de aprender Biologia.

Ainda sobre a relevância dos conceitos de sentido subjetivo e configuração subjetiva para a compreensão da dimensão subjetiva da aprendizagem, González Rey (2011, p. 63) afirmou:

> [...] o aluno vive suas experiências em sala de aula com base em configurações e processos subjetivos facilitadores da produção de sentidos subjetivos que terminam impondo uma forma de sentir a experiência atual que não se justifica por nada que aparentemente acontece nessa experiência concreta. É precisamente na explicação desse tipo de processos que os conceitos de sentido subjetivo e configuração subjetiva adquirem uma particular importância para a prática educativa: o mundo subjetivo do aluno, que não aparece diretamente relacionado com as operações intelectuais, tem sido profundamente ignorado nas práticas educativas.

González Rey e Mitjáns Martínez (2017a) ressaltam a importância de marcar a diferença entre os conceitos de agente e sujeito, considerando os avanços teóricos da Teoria da Subjetividade. Citando os autores:

> O agente, à diferença do sujeito, seria o indivíduo – ou grupo social – situado no devir dos acontecimentos no campo atual de suas experiências; uma pessoa ou grupo que toma decisões cotidianas, pensa, gosta ou não do que lhe acontece, o que de fato lhe dá uma participação nesse transcurso. Por sua vez, o conceito de sujeito representa aquele que abre uma via própria de subjetivação, que transcende o espaço social normativo dentro do qual suas experiências acontecem, exercendo opções criativas no decorrer delas, que podem ou não se expressar na ação (González Rey; Mitjáns Martínez, 2017a, p. 73).

O sujeito é, então, o indivíduo ou grupo capaz de gerar novos sentidos e processos subjetivos, transcendendo o espaço normativo no qual está inserido. Importa destacar que o indivíduo ou grupo não expressa a condição de sujeito em todos os momentos, podendo emergir como sujeito em algumas ações ou experiências e não em outras (González Rey; Mitjáns Martínez, 2017a).

Nesse sentido, outra origem das dificuldades de aprendizagem escolar, discutida por Rossato e Mitjáns Martínez (2011), é a negação da expressão do sujeito durante o processo de aprender. Conforme as autoras, essa negação pode ocorrer na subjetividade social da escola e/ou de outros espaços sociais, como a família. Os estudantes com dificuldades de aprendizagem, em geral, são vistos como incapazes ou sem potencial para aprender e, consequentemente, tem poucas oportunidades e incentivo para mostrarem suas habilidades.

Considerando a subjetividade como a configuração das configurações subjetivas articuladas de forma complexa e recursiva nos níveis individual e social, destacamos os a subjetividade individual e a subjetividade social. Elas não são consideradas sistemas externos um ao outro, mas um único sistema com configurações distintas e simultâneas. Dessa forma, é o caráter relacional e institucional da vida humana que implica a constituição da subjetividade, não apenas pela configuração subjetiva individual e dos diversos momentos interativos da pessoa, mas também as configurações subjetivas produzidas coletivamente, nos espaços sociais em que as relações ocorrem (González Rey, 2005).

Ao teorizar sobre a subjetividade no contexto educacional, González Rey (2001, p. 9-10) explicou:

> [...] A sala de aula não é simplesmente um cenário relacionado com os processos de ensinar e aprender, nela aparecem como constituintes de todas as atividades aí desenvolvidas, elementos de sentido e significação procedentes de outras "zonas" da experiência social, tanto de alunos quanto de professores. Na sala de aula se geram novos sentidos e significados que são inseparáveis das histórias das pessoas envolvidas, assim como da subjetividade social da escola, na qual aparecem elementos de outros espaços da própria subjetividade social.

Nesse movimento, no âmbito da Teoria da Subjetividade, a aprendizagem escolar apresenta perspectiva cultural-histórica e diferencia-se das concepções dominantes. Conforme Mitjáns Martínez e González Rey (2017):

> A aprendizagem não é compreendida como assimilação, mas como um processo de produção subjetiva que se configura no curso do processo de aprender por sentidos subjetivos que expressam em um nível simbólico-emocional múltiplas experiências socioculturais do aprendiz junto com aquelas oriundas do próprio espaço escolar (Mitjáns Martínez; González Rey, 2017, p. 16).

Importa destacar, então, que os autores definiram três formas básicas da aprendizagem: reprodutiva-memorística, compreensiva e criativa. Elas diferem entre si em razão do nível de complexidade e dos processos que participam em cada uma. As formas compreensiva e criativa são as consideradas mais desejáveis, do ponto de vista da Teoria da Subjetividade. Essas, são desejáveis porque podem contribuir mais significativamente para o desenvolvimento da subjetividade do aprendiz (Mitjáns Martínez; González Rey, 2017).

Na aprendizagem reprodutiva-memorística predominam os processos de memorização e assimilação mecânica das informações; o aprendiz, muitas vezes, não entende o real significado do que está estudando, por isso não consegue relacionar os conteúdos em situações diferentes e, normalmente, esquece com facilidade. A aprendizagem compreensiva é aquela em que o estudante utiliza o processo de reflexão como processo subjetivo central do aprender, tornando-se capaz de utilizar o que foi aprendido em variadas situações. Já a aprendizagem criativa, se caracteriza pela expressão da criatividade do estudante ao aprender, tornando-se autônomo em seu processo de aprendizado. Nesta forma de aprendizagem, o estudante personaliza e contrapõe a informação, produzindo ideias novas (Mitjáns Martínez; González Rey, 2017).

Salientamos que somente as metodologias de ensino não garantem os tipos de aprendizagem desejáveis nem a superação de dificuldades. Isto dependerá da maneira como os aprendizes subjetivam as experiências de ensino-aprendizagem, considerando a produção subjetiva singular de cada um. Contudo, a qualidade da prática educativa tem valor significativo para produção subjetiva que favorece a aprendizagem, tendo em vista a efetivação de canais dialógicos que promovam a autonomia, a expressão e o protagonismo dos estudantes.

Os estudantes podem produzir sentidos subjetivos durante a expressão de qualquer uma das formas básicas de aprendizagens descritas. (Mitjáns Martínez; González Rey, 2012). Mas a aprendizagem memorístico-reprodutiva pode ocorrer mesmo na ausência de produção subjetiva. A ação de aprender é configurada subjetivamente, envolvendo a produção subjetiva da história de vida dos aprendizes, dos demais atores participantes do contexto escolar, bem como da subjetividade social da escola e da sala de aula.

Logo, interessa que, em situações de dificuldades de aprendizagem escolar, as estratégias pedagógicas sejam pensadas com vistas a favorecer a produção de recursos subjetivos que promovam a mudança da subjetividade na direção das aprendizagens compreensiva e/ou criativa. De acordo com Goulart e Mitjáns Martínez (2023, p. 46), os recursos subjetivos representam uma "dimensão funcional de uma configuração subjetiva, expressa na ampliação das possibilidades de ação, reflexão e posicionamento nas diferentes áreas da vida".

Diante do exposto, consideramos que a Teoria da Subjetividade, por compreender a aprendizagem também como um processo de natureza subjetiva, possui valor heurístico para o estudo do tema da superação das dificuldades de aprendizagem de Biologia. Entender que os aprendizes aprendem "como sistema, não só como intelecto" (González Rey, 2006, p. 33) e que "as operações intelectuais se organizam em configurações subjetivas" (Mitjáns Martínez; González Rey, 2017, p. 70), pode contribuir para uma abordagem mais abrangente do objeto de investigação proposto nesta pesquisa, considerando a aprendizagem de Biologia para além dos aspectos operacionais que exigem a assimilação de conceitos, fenômenos e processos.

1.2 A superação das dificuldades de aprendizagem de Biologia: compreensões teóricas

De acordo com Sisto (2005, p. 21), "não há uma definição aceita universalmente do que seria considerado dificuldade de aprendizagem". No campo da Psicopedagogia, prevalecem definições que consideram as dificuldades atribuídas a disfunções do sistema nervoso. Contudo, em razão do crescimento quantitativo de pessoas que têm manifestado algum tipo de dificuldade em variados momentos do percurso acadêmico, as discussões sobre as dificuldades de aprendizagem também têm levado em conta os aspectos sociais, emocionais e pedagógicos.

Ainda que a busca por uma conceituação para dificuldades de aprendizagem tenha sofrido relativa ampliação, é possível verificar a persistência em justificativas exclusivamente de ordem biológica e/ou intelectual. Mesmo quando se consideram outros fatores, a ocorrência das dificuldades de aprendizagem ainda é caracterizada como um fenômeno resultante de alguma experiência do indivíduo. Raramente as compreensões abarcam a complexidade sistêmica dos processos que possam estar envolvendo a expressão das dificuldades de aprendizagem. Além disso, muitas vezes, os fatores atribuídos como desencadeadores das dificuldades de aprendizagem são compreendidos de maneira isolada, em uma relação de causa e efeito.

Em geral, o termo dificuldade de aprendizagem se refere a problemas de aprendizagem acadêmica que não podem ser atribuídos a fatores biológicos. Normalmente, as dificuldades são investigadas e identificadas em crianças e consideram problemas de leitura, escrita, soletração e cálculo. Entretanto, as pessoas podem manifestar dificuldades de aprendizagem em qualquer idade (Sisto, 2005).

Embora Sisto (2005) considere que as dificuldades de aprendizagem podem se manifestar em qualquer faixa etária e independentemente de fatores de ordem fisiológica, o autor não discute a expressão das dificuldades em componentes curriculares específicos. É possível verificar o destaque para as tarefas relacionadas à linguagem e às operações matemáticas. Certamente, estas dificuldades podem estar relacionadas à aprendizagem dos conteúdos de outros componentes curriculares. Mas o que ocorre quando um estudante do ensino médio não expressa dificuldades de leitura, escrita ou cálculo, mas expressa dificuldades para aprender os conteúdos específicos dos componentes curriculares da área das Ciências da Natureza?

Na tentativa de buscar uma compreensão para esta questão e para discussão teórica da pesquisa, de um modo geral, utilizaremos as ideias de Alves *et al.* (2022). Esses autores apresentaram uma construção teórica para discussão e investigação sobre a superação das dificuldades de aprendizagem de Ciências. Consideraram, para tanto, as elaborações da Teoria da Subjetividade e do Socioconstrutivismo Espanhol (Pozo; Gómez Crespo, 2009). Assim, compreendendo a dimensão subjetiva da aprendizagem, em que as operações intelectuais podem ser configuradas subjetivamente, levaremos em conta as discussões de Alves *et al.* (2022), buscando direcionar as reflexões deste livro, especificamente, para o componente curricular Biologia. Dessa forma, apresentamos nossas considerações acerca de duas perspectivas teóricas sobre dificuldades de aprendizagem:

a. A Teoria da Subjetividade para pesquisar sobre a dimensão subjetiva e como ela se articula com o operacional na constituição subjetiva das dificuldades de aprendizagem de Biologia e sua superação.

b. As teorizações de Pozo e Gómez Crespo (2009) para estudar as operações relacionadas às dificuldades de aprendizagem dos conteúdos atitudinais, conceituais e procedimentais necessários à aprendizagem de Biologia, assim como à superação dessas dificuldades.

No âmbito da Teoria da Subjetividade, não há teorizações sobre as dificuldades de aprendizagem específicas em educação em Ciências. Já as discussões de Pozo e Gómez Crespo (2009) abarcam a dimensão operacional da aprendizagem, sem considerar a aprendizagem como produção subjetiva (Alves, *et al.*, 2022). Além disso, Pozo e Gómez Crespo (2009) não abordam as dificuldades de aprendizagem de Biologia, em detalhes, como fazem com as áreas de Física e Química. Assim, para auxiliar na discussão acerca das características da aprendizagem de Biologia, utilizaremos referenciais específicos dessa área.

Neste item, apresentamos, inicialmente, as compreensões sobre as dificuldades de aprendizagem e sua superação na perspectiva da Teoria da Subjetividade, discutindo os principais conceitos desenvolvidos, até o momento, a respeito da temática. Na sequência, abordamos os principais aspectos cognitivo-operacionais relacionados às dificuldades de aprendizagem de Biologia e sua superação no ensino médio. Destacamos que entender a aprendizagem de Biologia também como um processo subjetivo é estar atento para a possibilidade da participação das operações intelectuais como parte da configuração subjetiva da ação de aprender dos estudantes.

1.2.1 Processos subjetivos e superação das dificuldades de aprendizagem

As dificuldades de aprendizagem "se produzem quando a configuração subjetiva da ação de aprender limita a possibilidade do aprendiz de dominar os sistemas de conhecimentos científicos nas formas e espaços de tempo que a escola determina" (Mitjáns Martínez; González Rey, 2017, p. 113). Assim, as dificuldades de aprendizagem são expressões das configurações de sentidos subjetivos mobilizadas na ação de aprender. Nessas configurações participam recursos simbólico-emocionais produzidos na própria experiência de aprendizagem, assim como aqueles gerados na história de vida do aprendiz.

Dessa forma, as dificuldades de aprendizagem não têm origem apenas nos processos cognitivos dos estudantes. O fato de não compreender um conteúdo ou a dificuldade para entender o conjunto de conhecimentos científicos de um componente curricular pode ser a expressão de produções subjetivas geradas na experiência de aprendizagem.

Rossato (2009); Rossato e Mitjáns Martínez (2011) destacam a negação da expressão da condição de sujeito pelos aprendizes, a ausência de condições favorecedoras da produção de sentidos subjetivos que promovam a aprendizagem escolar, e a existência de configurações geradoras de danos como caminhos analíticos para explicar as dificuldades de aprendizagem. É possível notar, nesta formulação, a articulação complexa entre a subjetividade individual e a social, e entre os recursos simbólico-emocionais que comparecem nas situações de dificuldades de aprendizagem.

No processo de negação da expressão do aprendiz em sua condição de agente ou sujeito, o estudante não é reconhecido em sua singularidade. Geralmente, não há possibilidade de manifestação da imaginação, da criação, da fantasia ou do protagonismo na experiência de aprender. O aprendiz não tem espaço para utilizar sua experiência ou capacidade pessoal, não sendo possível a produção de sentidos subjetivos que abram caminho para vias inéditas de subjetivação.

Na situação de dificuldades de aprendizagem escolar, o aprendiz pode não estar implicado emocionalmente com a aprendizagem, adotando uma postura passiva diante da experiência de aprender. Nestas ocasiões, ele, quando muito, memoriza o conteúdo para reproduzi-lo nas avaliações, muitas vezes esquecendo-o em seguida. Esta situação pode estar relacionada com a ausência de condições favorecedoras da produção de sentidos subjetivos que promovam a aprendizagem escolar. As práticas educativas e a subjetividade social da escola, com foco no desempenho quantitativo (notas), muitas vezes não incentivam a personalização, a criação e a imaginação, inviabilizando a produção e/ou a mobilização de recursos subjetivos que propiciem aprendizagens efetivas.

O componente curricular de Biologia, por exemplo, é tradicionalmente marcado por um ensino que objetiva a assimilação mecânica do conteúdo, frequentemente tendo como meta responder a uma avaliação padronizada. Nesse contexto, é possível verificar pouco (ou nenhum) espaço para autonomia dos estudantes no processo de aprendizagem do conteúdo científico estudado. Este modelo de ensino pode não favorecer a produção de sentidos subjetivos favoráveis à aprendizagem e, consequentemente, negar a expressão do aprendiz em sua condição de agente ou sujeito de seu próprio processo de aprendizagem.

Salientamos que a metodologia ou a prática educativa não é garantia, por si mesma, de produção de sentidos subjetivos favoráveis à aprendizagem, uma vez que todo processo dependerá de como o estudante subjetiva as experiências de aprender. No entanto, importa que essas estratégias sejam planejadas com o objetivo de promover esta produção subjetiva favorável à aprendizagem (Mitjáns Martínez; González Rey, 2017; Rossato; Mitjáns Martínez, 2011; Tacca, 2006).

Em algumas situações de dificuldades de aprendizagem, podem ocorrer "configurações subjetivas qualitativamente diferenciadas" (Rossato, 2009, p. 179), denominadas configurações subjetivas geradoras de danos, que podem emergir na ação de aprender. Em razão da sua constituição emocional, essas configurações subjetivas podem se apresentar como geradoras de danos em relação à aprendizagem escolar, favorecendo a expressão das dificuldades pelos aprendizes. Elas representam produções subjetivas de alta complexidade e com forte impacto emocional em um determinado momento da vida do indivíduo.

Em síntese, compreender a aprendizagem como produção subjetiva permite pensar as dificuldades de aprendizagem de Biologia a partir de um novo prisma, tendo em vista a complexidade de processos simbólico-emocionais que envolvem a ação de aprender. Nesse movimento, o estudo da Biologia deixa de ser entendido como processo exclusivamente intelectual, em que os aprendizes precisam memorizar conceitos abstratos, descontextualizados, sem significado. Conforme afirmam Mitjáns Martínez e González Rey (2017, p. 70), "[...] na aprendizagem escolar as operações intelectuais se organizam em configurações subjetivas, ganhando outra qualidade [...]". Nesse sentido, ratificamos a relevância dos processos operacionais para aprender Biologia, enfatizando, conforme Mitjáns Martínez e González Rey (2017), que esses processos não estão separados dos sentidos subjetivos que integram a configuração subjetiva da ação de aprender.

O processo de superação das dificuldades de aprendizagem escolar é mobilizado pela mudança nas configurações subjetivas, que pode resultar em desenvolvimento subjetivo. Para que isso ocorra, os estudantes precisam produzir uma nova qualidade de sentidos subjetivos na aprendizagem. Esse processo pode emergir a partir da própria configuração subjetiva da aprendizagem, que se converte em configuração subjetiva de desenvolvimento, ou como expressão de outras configurações subjetivas que adquirem esse *status* e que se expressam na aprendizagem escolar (González Rey; Mitjáns Martínez, 2017a).

Conforme González Rey e Mitjáns Martínez (2017a, p. 12, tradução nossa), o agente e/ou sujeito tem lugar importante na mudança e no desenvolvimento subjetivo. Para os autores, "A emergência de uma configuração subjetiva desencadeadora de um processo de desenvolvimento está sempre associada a indivíduos ou grupos que emergem como agentes ou sujeitos da experiência que se posicionam ativamente". Esta afirmação evidencia a importância da valorização do estudante em sua condição de agente e/ou sujeito, considerando a relevância de práticas educativas que favoreçam a mudança e o desenvolvimento subjetivo, promovendo, quando for o caso, a superação das dificuldades de aprendizagem.

O desenvolvimento subjetivo é um processo complexo, singular, impossível de ser controlado externamente e que aparece como uma produção dos indivíduos e grupos diante de contextos diferentes. Além disso, envolve situações de conflitos e tensões que exigem o posicionamento do indivíduo. O desenvolvimento subjetivo se caracteriza por um processo individual que ocorre dentro de um sistema de relações, favorecendo a emergência de novos sentidos subjetivos, novas integrações de sentidos e novas configurações subjetivas (González Rey; Mitjáns Martínez, 2017a).

Importa compreender o caráter dinâmico da subjetividade, considerando que os sentidos subjetivos e as configurações subjetivas estão em constante movimento no decorrer das diversas ações da vida do indivíduo. Nessa direção, as dimensões individual e social podem favorecer a emergência de sentidos subjetivos que abram caminho para mudanças na subjetividade. No entanto, de acordo com Goulart e Mitjáns Martínez (2023), nem toda mudança subjetiva se consolida em um processo de desenvolvimento subjetivo, o qual está articulado com a emergência de uma configuração subjetiva com características específicas. Os autores explicam que essas configurações subjetivas:

> São geradas em determinadas áreas da vida de um indivíduo, mas se diferenciam por serem vinculadas ao desenvolvimento de recursos subjetivos, permitindo tanto um envolvimento pessoal e mudanças relevantes no curso da performance, relações ou experiências na área em que uma configuração subjetiva do desenvolvimento se organizou, como mudanças qualitativas importantes em outras esferas da vida da pessoa. Essas configurações subjetivas do desenvolvimento integram indiretamente sentidos subjetivos que o indivíduo produz no curso de distintas ações e relações em sua trajetória de vida (Goulart; Mitjáns Martínez, 2023, p. 46).

Nessa direção, durante as ações que realiza e participa, a pessoa pode produzir sentidos subjetivos, resgatar sentidos subjetivos produzidos em outras experiências, reconfigurar os sentidos subjetivos e/ou produzir recursos subjetivos, ensejando um movimento constante nas configurações subjetivas, oportunizando mudanças na subjetividade, que podem promover o desenvolvimento subjetivo.

Rossato e Ramos (2020, p. 45, tradução nossa) explicam:

> O desenvolvimento subjetivo nunca vem dado pela qualidade das tensões, se não pelo que emerge neste processo, tanto na produção da pessoa, quando dos grupos. Os fatores de tensão, em si mesmos, não têm a força mobilizadora para o desenvolvimento subjetivo. Este processo ocorre devido a uma qualidade específica de mobilização ou produção de sentidos subjetivos nas vivências e nas experiências ou é produzido como uma nova qualidade destes recursos.

Nesse sentido, González Rey e Mitjáns Martínez (2017a, p. 12-13, tradução nossa) afirmam que "O processo de desenvolvimento subjetivo implica a emergência de configurações capazes de gerar novas funções e processos subjetivos em várias áreas da vida de um indivíduo ou grupo, um processo vivo do qual esses indivíduos ou grupo são parte". Além disso, "O desenvolvimento subjetivo é marcado pelo caráter inédito dos sentidos subjetivos com força de tensão do sistema, que pode mobilizar novas configurações e reconfigurações que adquirem força de desenvolvimento" (Rossato; Ramos, 2020, p. 49, tradução nossa).

Nessa direção, as ações pedagógicas devem ser direcionadas para favorecer a expressão da condição de sujeito pelo aprendiz e para a produção de sentidos subjetivos que contribuam para as aprendizagens compreensiva e/ou criativa, assim como para o desenvolvimento subjetivo. Alguns princípios, estratégias e ações, se utilizados no ensino sistemático dos próprios conteúdos curriculares, podem contribuir potencialmente para este fim. As ações pedagógicas podem ser planejadas com o objetivo de incentivar o caráter ativo, produtivo e criativo do aprendiz no processo de aprender (Mitjáns Martínez; González Rey; 2017).

Rossato (2009, p. 7) afirmou que "a superação das dificuldades de aprendizagem requer desenvolvimento da subjetividade". A autora interpretou o movimento da subjetividade e o desenvolvimento subjetivo de aprendizes, que superaram as dificuldades de aprendizagem quando os outros (principalmente os pais e professores) passaram a acreditar no seu potencial de aprendizagem e quando foram desenvolvidas estratégias pedagógicas que favoreceram que eles produzissem sentidos subjetivos que proporcionaram a aprendizagem.

Na mesma direção, Bezerra, M. (2014) buscou compreender as dificuldades de aprendizagem de estudantes no contexto escolar, evidenciando a importância da modificação dos sentidos subjetivos associados à aprendizagem. A autora investigou a dimensão subjetiva das operações intelectuais de crianças com dificuldades de aprendizagem, buscando compreender como os processos subjetivos mobilizados durante a aprendizagem podem favorecer a superação das dificuldades. Importa destacar que a aprendizagem é um processo complexo que envolve tanto os recursos simbólico-emocionais produzidos pelos estudantes quanto os aspectos cognitivos. O estudo também considerou o contexto social de pesquisa como um espaço favorável à produção de sentidos subjetivos relacionados à aprendizagem e ao desenvolvimento das crianças.

Medeiros (2018) estudou as dificuldades de aprendizagem escolar de crianças, especificamente na disciplina matemática. A autora utilizou o aporte teórico da Teoria da Subjetividade e destacou a necessidade de investigações que compreendam a criança de forma integral, considerando todos os processos que constituem o ato de aprender. Trouxe evidências de que a maior parte das pesquisas na área abordam as dificuldades de aprendizagem de matemática escolar apenas do ponto de vista cognitivo e intelectual. O modelo teórico da autora demonstrou que a aprendizagem da matemática escolar apresenta aspectos específicos que precisam ser analisados dentro da perspectiva da subjetividade. Os estudos de caso do trabalho permitiram compreender que o diálogo, a validação e a valorização do conhecimento da criança são elementos importantes no processo de superação das dificuldades de aprendizagem da matemática escolar e do desenvolvimento subjetivo dos aprendizes.

Considerando as investigações de Rossato (2009), Bezerra M. (2014) e Medeiros (2018), é possível notar a complexidade de processos envolvidos na superação das dificuldades de aprendizagem escolar, tendo em vista a dimensão subjetiva da aprendizagem. A superação das dificuldades de aprendizagem de Biologia poderá ocorrer, então, mediante a produção de recursos subjetivos e relacionais, bem como dos recursos operacionais que podem favorecer processos de mudança na configuração subjetiva da aprendizagem, consolidando-se com a emergência de uma configuração subjetiva de desenvolvimento.

1.2.2 Operações intelectuais e superação das dificuldades de aprendizagem de Biologia

Estudos sobre a aprendizagem de Biologia, como o de Meglhioratti, El-hani e Caldeira (2009) e Meglhioratti, *et al.* (2009), defendem a importância de os estudantes da educação básica se apropriarem dos conceitos biológicos, visando à compreensão da complexa rede conceitual deste componente curricular. Assim, para esses autores, aprender Biologia está relacionado com uma perspectiva integradora dos conceitos no processo de ensino, por meio de uma organização hierárquica do conhecimento.

A aprendizagem de Biologia, assim como das demais áreas das Ciências da Natureza, envolve, além dos conceitos, os procedimentos e as atitudes (Pozo, 2003; Pozo; Gómez Crespo, 2009). Os currículos de Ciências ainda possuem como eixo central os conteúdos conceituais. De fato, mesmo o ensino voltado para a aprendizagem de procedimentos e atitudes, depende de conhecimentos conceituais adequados. Acontece que, muitas vezes, os estudantes não possuem ou não adquirem esse tipo de conhecimento conceitual, o que contribui para a expressão das dificuldades de aprendizagem de Ciências (Pozo; Gómez Crespo, 2009).

Os conteúdos conceituais do currículo de ciências são diferenciados em dados, conceitos e princípios (Pozo, 2003; Pozo; Gómez Crespo, 2009). A aprendizagem de Biologia requer aprender muitos dados, ou seja, informações que declaram algo concreto. Os dados são assimilados reprodutivamente, e sua interpretação e utilização em contextos diversos dependem da relação com outros dados e da compreensão dos conceitos que os organizam. Os princípios são conceitos mais abstratos e estruturantes de uma determinada área do conhecimento, diferenciando-se dos conceitos, que são mais específicos.

Nesse contexto, a aprendizagem de Biologia demanda dos estudantes a compreensão e a interpretação das informações "ensinadas" em sala de aula de forma contextualizada com a complexa rede conceitual do conhecimento biológico. As dificuldades de aprendizagem, em termos operacionais, dizem respeito, portanto, à compreensão e à interpretação do conhecimento científico e à aprendizagem dos procedimentos e das atitudes relativos à Biologia.

Neste livro, conforme mencionado anteriormente, o processo de aprendizagem é entendido também como produção subjetiva (Mitjáns Martínez; González Rey, 2017). Além disso, aprender Biologia, depende do desenvolvimento de recursos operacionais. Esses recursos podem estar configurados subjetivamente e envolvem as produções subjetivas do espaço escolar, da sala de aula, da relação com o componente curricular, além de aspectos emocionais, históricos e sociais. Nessa direção, Mitjáns Martínez e González Rey (2017, p. 68) explicam:

> Na aprendizagem configurada de modo subjetivo, os processos tradicionalmente definidos como psíquicos se constituem como processos subjetivos. Ou seja, a imaginação, as emoções e as operações intelectuais integram-se em uma unidade funcional. Assim, os processos de aprender nos quais o aprendiz está implicado emocionalmente organizam-se em configurações subjetivas dentro das quais os processos psíquicos acontecem, sendo as operações intelectuais um momento dentro do fluxo de sentidos subjetivos que caracterizam as configurações subjetivas.

A aprendizagem de Biologia inclui, então, a produção e a mobilização recíproca dos recursos subjetivos, relacionais e operacionais adequados para compreender os conteúdos. Assim, as dificuldades de aprendizagem do componente curricular estão relacionadas com a ausência desses recursos, bem como com a produção de sentidos subjetivos que impedem ou dificultam a sua utilização.

A respeito das operações intelectuais necessárias à aprendizagem de Biologia, importa destacar que os estudantes possuem concepções alternativas ao conhecimento científico. De acordo com Pozo e Gómez Crespo (2009), essas concepções representam o principal problema para a compreensão conceitual. As concepções alternativas dos estudantes normalmente permanecem inalteradas, independentemente da instrução científica que recebem.

As concepções alternativas não são mais um problema que gera dificuldade de aprendizagem, mas outra manifestação do mesmo problema, que tem dimensões atitudinais, procedimentais e conceituais. O conhecimento cotidiano dos estudantes e que eles levam para sala de aula, refere-se a um *mesocosmo*. Já a ciência ensinada para eles está situada no *microcosmo* (células, organelas, genes, microrganismos) e no *macrocosmo* (evolução, relações entre ecossistemas, corpo humano). Dessa forma, as teorias científicas por tratarem, muitas vezes, de coisas que acontecem no *micro* e no *macrocosmo* chocam-se com as teorias do senso comum dos aprendizes, centradas no *mesocosmo*, que é o mundo percebido, das relações sociais, dos valores e dos afetos (Pozo; Gómez Crespo, 2009).

As concepções alternativas são teorias implícitas, possuem uma natureza estrutural sistemática, são estáveis e apoiam-se em supostos epistemológicos, ontológicos e conceituais radicalmente distintos das teorias científicas. As concepções alternativas:

> São o resultado de um sistema cognitivo que tenta dar sentido a um mundo definido não apenas pelas relações entre os objetos físicos que povoam o mundo, mas também pelas relações sociais e culturais que se estabelecem em torno desses objetos. Não é estranho, portanto, que seja tão difícil livrar-se delas no ensino, dado que constituem boa parte do nosso *senso comum* e, inclusive da nossa tradição cultural (Pozo; Gómez Crespo, 2009, p. 95).

As teorias científicas, por sua vez, possuem incompatibilidades epistemológicas, ontológicas e conceituais com as teorias implícitas dos estudantes. Além disso, exigem uma estrutura de compreensão mais complexa e a percepção de que a maioria das situações envolve a interação de sistemas. Pozo e Gómez Crespo (2009) também destacam que conceber os fenômenos como processos em um determinismo causal e linear supõe mudanças ontológicas para aprendizagem da Ciência, o que implica em estabelecer relações entre conceitos e não a aquisição reprodutiva de dados.

As incompatibilidades epistemológicas, ontológicas e conceituais geram dificuldades de aprendizagem dos conteúdos ensinados. Essas incompatibilidades impactam os processos operacionais de contextualização, interpretação e compreensão sistêmica dos conceitos científicos, inviabilizando processos de aprendizagem que transcendam a reprodução, como as compreensivas e criativas.

Dessa forma, a superação das dificuldades de aprendizagem de Biologia demanda a desestabilização das teorias implícitas dos estudantes buscando a construção dos princípios epistemológicos, ontológicos e conceituais do conhecimento científico. Essas mudanças não implicam abandonar o conhecimento do senso comum, mas superar e transcender as diferenças entre o conhecimento cotidiano e o científico. De acordo com Pozo e Gómez Crespo (2009, p. 117): "[...] uma das metas essenciais da educação científica deve ser justamente de favorecer relações entre as formas de conhecimento cotidiano e conhecimento científico".

Considerando, portanto, a dimensão subjetiva da aprendizagem escolar e buscando relacionar as ideias sobre o desenvolvimento dos recursos subjetivos e operacionais para superação das dificuldades de aprendizagem de Biologia, entendemos que as produções de sentido subjetivo com operações que envolvem o *mesocosmo* são distintas das produções subjetivas com operações que envolvem o *microcosmo* e o *macrocosmo*. O conhecimento cotidiano abarca as crenças e as representações sociais dos estudantes, sendo uma forma de explicar o mundo que os rodeia e de dar significado às tarefas e acontecimentos do dia a dia, sem necessidade de uma instrução específica. Por ser um conhecimento construído em ambientes que, possivelmente, envolvem afetividade e a própria história do indivíduo, ele se encontra configurado subjetivamente, articulando sentidos subjetivos produzidos no desenvolvimento das ações e das experiências cotidianas.

Durante uma aula de Biologia, por exemplo, o professor explica determinada teoria científica, enquanto os estudantes já possuem teorias implícitas sobre o conhecimento que está sendo ensinado. Essas teorias implícitas apresentam certa organização sistemática e derivam da vida social, cultural e afetiva dos estudantes, sendo eficazes para resolver os problemas do cotidiano.

As teorias científicas, por sua vez, são complexas, demandam esforço cognitivo, dependem da relação entre fatos, conceitos e, em alguns casos, dados e conceitos de outros componentes curriculares. Elas se referem, muitas vezes, a um mundo microscópico e invisível aos olhos dos aprendizes e, muitas vezes, não tem nenhuma relação afetiva, social ou cultural com a vida deles.

A aula pode gerar uma tensão entre as teorias implícitas dos estudantes e o conhecimento científico estudado. Isso ocorre não apenas em razão dos diferentes recursos operacionais que a compreensão dos conhecimentos exige, mas também pelos processos subjetivos que os estudantes podem desenvolver diante do que conhecem pelo senso comum e do que está sendo ensinado e/ou estudado na escola.

Diante dos conflitos e tensões gerados, podem ocorrer mudanças epistemológicas, ontológicas e conceituais que resultem em um sistema operacional diferenciado e compatível com os princípios do conhecimento científico. Essas mudanças operacionais podem ser mobilizadas por (ou mobilizadoras de) mudanças subjetivas, uma vez que os recursos operacionais podem estar/ser configurados subjetivamente.

Para Pozo e Gómez Crespo (2009), a falta de motivação também é uma das principais causas das dificuldades de aprendizagem das ciências. Na perspectiva dos autores, ela é uma atitude (com componentes afetivos, cognitivos e de ação) que pode ser modificada e contribuir para a aprendizagem. Uma das soluções que os autores propõem para reverter a falta de motivação é conseguir que o indivíduo aprenda. Eles entendem que a aprendizagem gera motivação para aprender, em um processo recursivo.

Para a Teoria da Subjetividade, a falta de motivação para aprender corresponde à produção de sentidos subjetivos desfavoráveis relacionados com a aprendizagem de certo conteúdo. Nesta perspectiva, a superação das dificuldades depende de mudanças na configuração subjetiva do aprendiz, ou seja, que o estudante passe a produzir sentidos subjetivos favoráveis à aprendizagem. Tais sentidos não estão relacionados apenas ao que acontece no contexto em que a aprendizagem se efetua, mas com sentidos produzidos em outros contextos e momentos da vida do estudante. Isso precisa ser levado em conta pelo professor, assim como os sentidos subjetivos que o estudante produz em relação ao conteúdo. Assim, de acordo com Tacca (2006), ele [o professor] precisa criar canais dialógicos para se relacionar com os aprendizes e conhecer suas motivações para estabelecer uma "sintonia de pensamento" com eles.

Tendo presente as diferenças entre a Teoria da Subjetividade e as discussões do Socioconstrutivismo Espanhol, é possível pensar as dificuldades de aprendizagem em Biologia e sua superação, considerando os aspectos subjetivos e operacionais envolvidos. Neste contexto, as operações, que dizem respeito aos níveis epistemológico, ontológico e conceitual, podem estar/ser configuradas subjetivamente, assim como as operações envolvidas com a aprendizagem de procedimentos e atitudes.

2

A PRODUÇÃO CIENTÍFICA SOBRE A SUPERAÇÃO DAS DIFICULDADES DE APRENDIZAGEM EM BIOLOGIA

Neste capítulo, buscamos ampliar a compreensão sobre a superação das dificuldades de aprendizagem de Biologia, tendo em vista as variadas perspectivas de estudo sobre a temática. Apresentamos um mapeamento de artigos, dissertações de mestrado e teses de doutorado, publicados no período de 2010 a 2020, sobre o ensino e a aprendizagem de Biologia no ensino médio.

Selecionamos e analisamos 56 trabalhos que relataram e discutiram pesquisas de natureza interventiva, sendo 38 artigos, 17 dissertações de mestrado e uma tese de doutorado. Pesquisas de natureza interventiva são definidas por Teixeira e Megid Neto (2017) como "práticas que conjugam processos investigativos ao desenvolvimento concomitante de ações que podem assumir natureza diversificada" (p. 1056). De acordo com os autores, estas pesquisas enquadram uma multiplicidade de ações que articulam a investigação e a produção de conhecimento com processos interventivos.

Realizamos o mapeamento dos artigos a partir da análise de periódicos científicos classificados na área Ensino. A seleção foi feita por meio da Classificação de Periódicos da Coordenação de Aperfeiçoamento de Pessoal de Nível Superior (Capes), referente ao quadriênio 2013-2016[5]. Selecionamos 96 revistas da área de interesse e buscamos, nos portais destes periódicos, utilizando os descritores: "Dificuldades de aprendizagem de Biologia", "Superação das dificuldades de aprendizagem de Biologia", "Aprendizagem de Biologia" e "Ensino de Biologia". Obtivemos 155 publicações de interesse (Bezerra, 2023).

Para o refinamento do estudo, realizamos a leitura dos resumos desses artigos e, quando necessário, das introduções e metodologias, buscando por textos que tratassem sobre a aprendizagem de Biologia no

[5] Para revisão da produção científica, considerei as classificações da Lista de Consulta Geral de Periódicos (Capes, 2016), vigentes à época da realização do levantamento. A referida lista se encontra publicada no sítio eletrônico: https://sucupira.capes.gov.br.

ensino médio e abordassem discussões tanto sobre dificuldades de aprendizagem no referido componente curricular, quanto sobre a superação dessas dificuldades. Excluímos os artigos referentes à educação superior e ao ensino fundamental. Para as nossas análises e reflexões, selecionamos 38 pesquisas de natureza interventiva, em razão da aproximação com a proposta de investigação.

A seleção das dissertações e teses foi realizada no Banco Digital Brasileiro de Teses e Dissertações (BDTD). Utilizamos os mesmos descritores mencionados acima. O resultado inicial foi de 363 trabalhos, sendo 296 dissertações e 67 teses. Na sequência, procedemos com a leitura dos títulos, palavras-chave e resumos desses trabalhos. Selecionamos, com critérios semelhantes aos usados para os artigos, 17 dissertações e uma tese, todas de natureza interventiva.

A partir da leitura integral e análises dos textos, caracterizamos os principais referenciais teórico-metodológicos adotados nas pesquisas e identificamos as principais compreensões sobre o tema das dificuldades de aprendizagem de Biologia, assim como as práticas educativas propostas para superá-las.

2.1 Os referenciais teóricos e metodológicos adotados nas pesquisas

A pesquisa desenvolvida na área de educação, de acordo com Gamboa (1998, p. 12), precisaria considerar a "explicitação de alguns elementos teóricos que permitam a leitura, a análise e a compreensão do objeto em questão". Assim, destacamos a importância de identificar os principais referenciais teóricos e metodológicos das pesquisas analisadas a fim de entender quais são as concepções que tem direcionado os estudos da área de ensino e aprendizagem de Biologia.

Categorizamos as abordagens metodológicas das pesquisas, quando explicitadas nos estudos, em qualitativa (31 trabalhos), quantitativa (2) e qualitativa-quantitativa (15). Em oito trabalhos, a abordagem metodológica não foi explicitada. Nas análises desenvolvidas em dissertações e teses em ensino de Biologia, Teixeira (2008) também verificou o predomínio de pesquisas qualitativas. Isto pode ser explicado em razão das contribuições relevantes do método qualitativo para a compreensão de inúmeras situações referentes à educação. Gatti e André (2010) destacam que o uso dos métodos qualitativos permite compreender melhor os processos educacionais e o cotidiano escolar em suas múltiplas implicações. Além disso, possibilita um engajamento mais forte dos pesquisadores com os contextos educacionais investigados.

Os 56 trabalhos analisados apresentaram significativa variedade de referenciais teóricos. Eles foram utilizados pelos autores, sobretudo, para justificar as pesquisas, apoiar as análises e discutir os resultados.

O referencial teórico de maior ocorrência foi o construtivismo (20 trabalhos). De maneira geral, as pesquisas utilizaram o referencial construtivista, considerando a compreensão da aprendizagem de Biologia como um processo de construção do conhecimento, que supera o ensino expositivo e promove a motivação e o interesse dos estudantes. Esse processo é viabilizado pelas estratégias didático-pedagógicas diversificadas (jogos, aulas práticas, aulas de campo, entre outras). Salientamos que Bertocchi, *et al.* (2016); Casas e Azevedo (2011); Dantas (2017); Grimes e Schroeder (2015); Miranda, Leda e Peixoto (2013); Rech e Maglhioratti (2016) mencionaram a importância dos aspectos relacionais e afetivos para o ensino e a aprendizagem de Biologia.

Freitas e Ghedin (2019) analisaram os fundamentos teóricos na produção doutoral brasileira sobre recursos didáticos no ensino de Biologia, além de identificarem o predomínio da perspectiva construtivista nas pesquisas investigadas. Os autores relataram que as pesquisas "se filiam ao construtivismo com o discurso de que por esse viés teórico seria possível suplantar a ineficácia do ensino tradicional e proporcionar aos estudantes, através dos recursos que aplicam, uma aprendizagem mais significativa" (p. 16).

O referencial teórico da teoria da aprendizagem significativa de David Ausubel foi explicitado em 18 trabalhos, prevalecendo as discussões sobre a importância dos conhecimentos prévios e a oferta de um ensino que tenha significado para os estudantes. Além disso, verificamos a ocorrência de um grupo de 14 trabalhos que utilizaram fundamentação teórica variada para as análises e discussões dos respectivos objetos de pesquisa. Entre os referencias utilizados nestas investigações, destacamos as teorizações sobre ensino de Biologia e de seus conteúdos específicos, ensino de Ciências, educação, didática, legislação do ensino médio, parâmetros curriculares nacionais, organização curricular nacional, ludicidade, uso de jogos didáticos e modelos didáticos.

Os referenciais teóricos menos frequentes foram a teoria das inteligências múltiplas (1); a teoria do processamento da informação (1), que utilizou o ensino de estratégias de aprendizagem como metodologia; a teoria de Wallon (1), utilizando a metodologia de ensino individualizado e considerando a estratégia de aproximação afetiva entre professor e o aprendiz para superação das dificuldades de aprendizagem; e a teoria de Vygotsky (2), utilizando o conceito de ação mediada.

Consideramos importante destacar o trabalho de Dantas (2017), o único que apresentou uma seção exclusiva para tratar das dificuldades de aprendizagem de Biologia na fundamentação teórica, utilizando autores como David Ausubel, Marco Antonio Moreira, Lev Semenovich Vygotsky e Juan Ignácio Pozo. O trabalho de González Galli e Meinardi (2015) também contém uma discussão sobre as dificuldades em relação ao ensino e à aprendizagem das teorias da evolução, utilizando, entre outros autores, Joyce A. Griffth, Sarah K. Brem e Mike Smith.

O levantamento dos referenciais utilizados nos trabalhos que analisamos indicou a ausência de investigações na perspectiva da Teoria da Subjetividade, evidenciando a potencialidade da realização de pesquisas com este referencial, na perspectiva de refletir sobre a complexidade dos processos envolvidos na aprendizagem de Biologia, assim como na superação das dificuldades desse componente curricular. Desse modo, as reflexões que apresentamos neste livro diferenciam-se dos trabalhos analisados por compreender a dimensão cognitiva como integrante da configuração subjetiva dos estudantes e as dificuldades de aprendizagem de Biologia como um processo mais complexo que a impossibilidade operacional de memorização dos conceitos biológicos.

2.1.1 Os itinerários metodológicos das pesquisas

Conforme mencionado anteriormente, analisamos pesquisas de natureza interventiva, considerando as discussões de Teixeira e Megid Neto (2017). Dessa forma, entre as investigações revisadas, identificamos a utilização do pré-teste como instrumento inicial em 41 trabalhos, antes de realizar as intervenções propostas. Um grupo de 15 trabalhos iniciou com as intervenções, utilizando avaliações processuais, ensino individualizado, grupo focal e/ou observações.

Os instrumentos utilizados como pré-teste variaram entre questionários objetivos, discursivos e mistos, entrevistas, redação, elaboração de desenhos e discussões de textos. Os objetivos desses instrumentos foram identificar conhecimentos prévios dos estudantes em relação ao conteúdo que seria abordado na intervenção e, em alguns casos, verificar as opiniões deles sobre o estudo do componente curricular e do conteúdo em questão. As informações coletadas nos pré-testes foram analisadas visando orientar as intervenções, especialmente no que se refere ao conhecimento prévio e às dificuldades dos estudantes com o conteúdo de Biologia.

Os instrumentos utilizados como pós-teste variaram entre questionários objetivos, discursivos, mistos e entrevistas. Buscaram verificar as contribuições das metodologias propostas para a aprendizagem dos estudantes, bem como para a superação das dificuldades de aprendizagens identificadas por meio dos resultados dos pré-testes.

As avaliações das intervenções pedagógicas ocorreram por meio de entrevistas e questionários e tiveram como objetivo compreender se os estudantes consideraram a utilização das metodologias desenvolvidas importante para sua aprendizagem. Um grupo de pesquisas utilizou, para a análise dos resultados, materiais elaborados pelos próprios aprendizes durante as atividades. Os materiais produzidos foram: vídeos, textos e modelos didáticos.

Destacamos duas dissertações que utilizaram as estratégias metodológicas propostas por meio de grupo focal (Arruda, 2018) e ensino individualizado (Silva, 2019). Nos dois casos, as pesquisadoras trabalharam com grupos pequenos de estudantes com dificuldades para aprender Biologia. A pesquisa com grupo focal auxiliou na identificação de dificuldades de aprendizagem tanto relacionadas ao conteúdo de Biologia quanto a outros aspectos da vida dos estudantes. O ensino individualizado consistiu em uma proposição didática que buscava estabelecer uma aproximação afetiva entre professor e estudante, considerando que a melhora na qualidade das relações impacta positivamente na aprendizagem.

Em nossa análise, as pesquisas apresentaram itinerários metodológicos que permitiram reflexões importantes sobre o processo de aprendizagem de Biologia e, nesse contexto, as dificuldades e sua superação. Em geral, os pesquisadores identificaram e/ou descreveram dificuldades de aprendizagem de Biologia e desenvolveram intervenções com potencial significativo para superá-las. No contexto educacional, segundo Teixeira e Megid Neto (2017), as pesquisas de natureza interventiva são úteis para "gerar conhecimentos, práticas alternativas / inovadoras e processos colaborativos", assim como "testar ideias e propostas curriculares, estratégias e recursos didáticos, desenvolver processos formativos [...]" (Neto, 2017, p. 1056).

Nos trabalhos analisados, identificamos intervenções que, principalmente, buscaram testar estratégias e/ou recursos didáticos com vistas a melhorar a aprendizagem de Biologia pelos estudantes participantes das pesquisas. As atividades desenvolvidas nas investigações têm valor significativo, considerando as teorizações de Teixeira e Megid Neto (2017), ao abordarem que, nesse tipo de pesquisa, tanto pesquisadores quanto os participantes, "atuam na intenção de resolver questões práticas sem deixar de produzir conhecimento sistematizado" (p. 1056). Os trabalhos analisados propuseram intervenções com o objetivo de melhorar os processos de ensino e aprendizagem de Biologia, tendo em vista as dificuldades relacionadas ao componente curricular.

Contudo, na concepção de aprendizagem como produção subjetiva (Mitjáns Martínez; González Rey, 2017), a estratégia pedagógica adotada pelo docente não garante, por si só, a aprendizagem ou a superação das dificuldades. Importa que as intervenções propostas sejam intencionalmente desenvolvidas, buscando favorecer a produção de recursos subjetivos que facilitem a aprendizagem. Além disso, no processo de investigação, não são utilizados instrumentos padronizados, mas instrumentos que promovam o diálogo, por meio dos quais se possa construir interpretativamente as configurações subjetivas individuais e sociais envolvidas nas dificuldades de aprendizagem.

Cabe acrescentar que, para o desenvolvimento de pesquisas sobre os processos subjetivos implicados na superação das dificuldades de aprendizagem na perspectiva da teoria da subjetividade, utilizamos a Epistemologia Qualitativa e a Metodologia Construtivo-Interpretativa, que serão apresentadas em detalhes no capítulo seguinte.

Destacamos, ainda, que duas das 56 investigações analisadas foram desenvolvidas com grupos específicos de estudantes com dificuldades de aprendizagem de Biologia (Arruda, 2018; Silva, 2019). Os outros 54 trabalhos tiveram como participantes todos os estudantes de uma turma ou de todas as turmas de uma determinada série da instituição de ensino na qual a pesquisa foi realizada.

2.2 As dificuldades de aprendizagem de Biologia nas pesquisas

Inicialmente, realizamos uma caracterização considerando os conteúdos de Biologia investigados em cada pesquisa. Entre as publicações analisadas, sete trataram do ensino e aprendizagem de Biologia sem considerar um conteúdo específico, enquanto 49 trabalhos abordaram temas específicos do componente curricular, conforme demonstrado no Gráfico 1 a seguir. Essas 49 investigações apresentaram argumentos acerca da importância dos respectivos conteúdos para a construção do conhecimento nas Ciências Biológicas.

Gráfico 1 – Demonstrativo da quantidade de trabalhos por conteúdo investigado

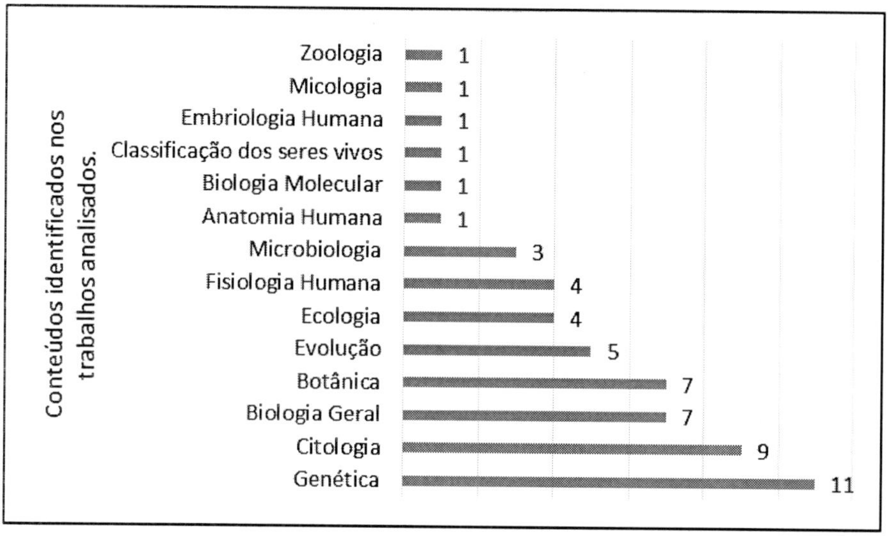

Conteúdos identificados nos trabalhos analisados.
Zoologia 1
Micologia 1
Embriologia Humana 1
Classificação dos seres vivos 1
Biologia Molecular 1
Anatomia Humana 1
Microbiologia 3
Fisiologia Humana 4
Ecologia 4
Evolução 5
Botânica 7
Biologia Geral 7
Citologia 9
Genética 11

Fonte: Bezerra (2023)

A diversificação de temas investigados pode estar relacionada com a inclusão de novos conteúdos da Biologia no currículo escolar, a partir de 1960. De acordo com Krasilchik (2004), na década de 1950, no ensino médio, a Biologia era subdividida em Botânica, Zoologia e Biologia Geral. A partir de 1960, a explosão do conhecimento biológico transformou a divisão tradicional, e o estudo da Biologia passou a incluir uma ampla variedade de conteúdo. Isto ocorreu em razão do progresso nas pesquisas da área, ao reconhecimento da importância do ensino de ciências em nível internacional e nacional, e à descentralização das decisões curriculares promovida pela Lei de Diretrizes e Bases da Educação Nacional, de 1961. Nesse movimento, a preocupação com a melhoria do ensino de ciências resultou no desenvolvimento e na diversificação de pesquisas na área, considerando os processos de ensino e aprendizagem dos conteúdos.

De maneira geral, a maior parte dos estudos analisados abordou as dificuldades de aprendizagem de Biologia de forma fragmentada, separando os aspectos cognitivos e afetivos, sociais e individuais, e considerando principalmente os conteúdos específicos. Os textos explicam a necessidade de se melhorar as metodologias do ensino e da aprendizagem na educação básica para atingir os objetivos da formação cidadã e crítica, contudo, não aprofundam a discussão sobre as dificuldades de aprendizagem que os estudantes possuem ao estudarem Biologia.

Os trabalhos que trataram das dificuldades das áreas específicas da Biologia (Genética, Botânica, Evolução, Ecologia etc.), consideraram que o "seu conteúdo" envolve grandes dificuldades de compreensão e também consideraram que a "sua área" é de fundamental importância para se entender Biologia. Os trabalhos utilizaram referências diversas para explicar suas compreensões sobre as dificuldades de aprendizagem. Todavia, verificamos que não existe um estudo que indique qual é o "conteúdo mais difícil" para os estudantes do ensino médio em relação à Biologia.

Dessa forma, o foco da presente discussão não foi sobre as dificuldades de aprendizagem de acordo com as áreas de estudo da Biologia, mas sim aquelas dificuldades que as pesquisas apontaram. Apesar de tratarem de conteúdos distintos, as dificuldades foram caracterizadas de formas semelhantes, com raras variações. Exemplo: Genética, devido a termos difíceis, abstração, descontextualização e necessidade de conhecimentos de probabilidade; Botânica, devido a termos difíceis, abstração e descontextualização. Por isso, as concepções que serão descritas neste item foram agrupadas sem considerar esses conteúdos específicos.

Agrupamos os trabalhos em cinco categorias, considerando os fatores aos quais atribuíram as dificuldades de aprendizagem de Biologia (Bezerra; Alves, 2021):

a. dificuldades atribuídas a fatores escolares combinados com as características do conteúdo, dos estudantes e dos professores (seis trabalhos);

b. dificuldades atribuídas ao conteúdo aos estudantes e aos professores (23 trabalhos);

c. dificuldades atribuídas exclusivamente às características do conteúdo de Biologia (15 trabalhos);

d. dificuldades atribuídas exclusivamente à forma como o conteúdo é apresentado (4 trabalhos);
e. dificuldades atribuídas exclusivamente aos estudantes (8 trabalhos).

As dificuldades atribuídas aos fatores escolares foram apresentadas nas pesquisas, sempre combinadas com outros aspectos (conteúdo, estudantes e/ou professores). Essas dificuldades incluíram a indisponibilidade de laboratório e materiais para atividades práticas; os currículos abarrotados de conteúdo; a carga horária reduzida/insuficiente para o componente curricular; o livro didático como único material de apoio disponível; e a ausência de espaço para os estudantes protagonizarem sua aprendizagem.

As pesquisas agrupadas na categoria dificuldades de aprendizagem atribuídas ao conteúdo, aos estudantes e aos professores apontaram como principais problemas relacionados ao conteúdo os termos técnico-científicos, a descontextualização, a fragmentação e a presença de temáticas com implicações filosóficas e religiosas.

Em relação aos estudantes, destacamos o conflito entre crenças e conhecimento científico; as concepções alternativas persistentes; a ausência de elos afetivos com o conhecimento científico; aspectos conceituais, lógicos ou emocionais; o desenvolvimento cognitivo insuficiente; a ausência de conhecimento matemático para o estudo de temas específicos de genética, ecologia e evolução; e a pressão dos processos avaliativos reprodutivos e padronizados.

Sobre as dificuldades atribuídas aos professores, identificamos a qualidade da interação social entre professor e estudante; ausência de uma visão integrada do conteúdo; dificuldades para selecionar metodologias diversificadas e adequadas; o distanciamento entre o professor que atua na educação básica e aqueles que desenvolvem pesquisas sobre o ensino de Biologia; formação insuficiente tanto em relação ao conhecimento científico da Biologia quanto em relação ao conhecimento pedagógico; falta de domínio do conteúdo e de identificação pessoal com ele.

As investigações agrupadas nas duas primeiras categorias apresentaram uma compreensão mais sofisticada das dificuldades de aprendizagem de Biologia. Essas pesquisas se aproximaram de uma visão sistêmica, em que uma pluralidade de aspectos é pensada como explicação para as dificuldades de aprendizagem dos estudantes. Rossato e Mitjáns Martínez

(2011) explicaram que as dificuldades de aprendizagem não podem ser compreendidas de forma universal, pois abrangem um conjunto de fatores histórico-culturais e simbólico-emocionais, que são singulares em cada aprendiz.

Na categoria relacionada às dificuldades de aprendizagem atribuídas exclusivamente às características do conteúdo de Biologia, encontramos pesquisas que enfatizaram a fragmentação do conhecimento; a extensão dos assuntos ministrados; a prevalência de termos técnico-científicos; os conceitos abstratos e complexos, os assuntos de difícil articulação com a prática e dificuldade em relacioná-los com a origem e a diversidade dos seres vivos.

Verificamos nestes trabalhos uma ênfase na estrutura curricular da Biologia, recheada de conteúdos complexos como um problema recorrente que contribui para as dificuldades de aprendizagem do componente curricular. Nesse sentido, destacamos as teorizações de Krasilchik (2004) sobre a abrangência do conteúdo de Biologia, em que professores enfrentam sérios problemas no processo de delimitá-lo em razão da expansão e das transformações na organização do conhecimento biológico. De acordo com a autora, não cabe mais apresentar o conteúdo em suas divisões clássicas, mas estabelecer critérios de prioridade, considerando assuntos que sejam fundamentais, pré-requisitos, atuais e interessantes.

Mitjáns Martínez e González Rey (2017) também apontaram algumas recomendações quanto à estrutura e abordagem do currículo na escola, incluindo menor quantidade e maior aprofundamento do conteúdo, incentivo à imaginação e à criatividade; valorização dos estudantes, de seus conhecimentos e objetivos, favorecendo o seu protagonismo e a responsabilidade pelo processo de aprender. Ressaltamos que, na perspectiva da Teoria da Subjetividade, essas condições, por si só, não serão suficientes para resolver os problemas, pois as soluções dependem da produção subjetiva dos aprendizes em interação com estas e outras configurações subjetivas produzidas nos vários contextos em que participam.

Na categoria dificuldades de aprendizagem atribuídas exclusivamente à forma como o conteúdo é apresentado aos estudantes, os trabalhos destacaram o ensino expositivo; descrições exaustivas de processos e estruturas; e o estudo desenvolvido de forma mecânica, reducionista e descontextualizada, impossibilitando a compreensão da natureza sistêmica da Biologia; a divisão das áreas sem discussão sobre as relações entre elas; e a falta de conexão entre as estruturas microscópicas e o cotidiano.

Pozo e Gómez Crespo (2009) argumentaram que uma parte das dificuldades apresentadas pelos estudantes para aprenderem Ciências pode ser consequência das práticas escolares que tendem a estar mais centradas na memorização, em tarefas rotineiras e sem significado científico que desperte o interesse dos estudantes. A esse respeito, Krasilchik (2004) nos chama a atenção para a importância de se utilizar de modalidades didáticas diversificadas para o ensino de Biologia, considerando o conteúdo, os objetivos da aula e as características da turma em que será ministrada.

Na perspectiva da Teoria da Subjetividade, a motivação dos estudantes depende dos sentidos subjetivos que eles produzem perante as condições que o docente disponibiliza. A estratégia pedagógica não está restrita ao método de ensino, enquanto condição previamente elaborada pelo professor, mas concretiza-se nos canais dialógicos que ele cria para captar a motivação dos estudantes (Tacca, 2006).

As pesquisas agrupadas na categoria dificuldades de aprendizagem atribuídas exclusivamente aos estudantes apontaram que esses entendem a aprendizagem da Biologia como um exercício de memorização; consideram desnecessário aprender as diversas "palavras difíceis" da Biologia; as experiências vivenciadas em outros níveis da educação básica podem causar desmotivação para o estudo do componente curricular e os estudantes possuem visão reducionista do mundo, o que dificulta a compreensão sistêmica e relacional dos seres vivos e do ambiente; compreendem o desenvolvimento científico de forma linear, sem considerar influências sociais, políticas e econômicas; e não conhecem estratégias de aprendizagem eficientes que os auxiliem na compreensão dos conteúdos.

Estas dificuldades identificadas nas pesquisas, por um lado, convergem com as discussões de Pozo e Gómez Crespo (2009) quando argumentam que os estudantes tendem a apresentar atitudes e crenças incompatíveis com a natureza da ciência. Ressaltamos que os autores atribuem essas dificuldades atitudinais à instrução científica inadequada. A Teoria da Subjetividade, defende a ideia de que as ações pedagógicas nem sempre tem os resultados que pretendem e podem, inclusive, apresentar desdobramentos diversificados. Por esse motivo, os professores precisam personalizar o processo de ensino de acordo com as singularidades de cada estudante (Mitjáns Martínez; González Rey, 2017).

Em síntese, as investigações analisadas atribuíram as dificuldades de aprendizagem de Biologia à fatores externos (sociais) e internos (individuais), considerando-os determinantes diretos para o insucesso dos estudantes no componente curricular. Destacamos, como fatores externos, as características do conteúdo, a forma como é apresentado; a organização do componente curricular; os recursos didáticos e o ambiente escolar. Quanto aos fatores internos, ressaltamos as concepções alternativas dos aprendizes; as implicações filosóficas e religiosas de algumas temáticas, gerando conflito entre crenças e conhecimento científico; a pressão durante as avaliações e a falta de identificação dos professores com alguns conteúdos.

Mesmo nos trabalhos que apresentaram múltiplos fatores como causas das dificuldades de aprendizagem de Biologia, esses fatores foram considerados de forma isolada, evidenciando a dicotomia interno-externo (individual-social/cognitivo-emocional) que a Teoria da Subjetividade busca superar. Salientamos que, tendo em vista a concepção de aprendizagem como produção subjetiva, fatores internos e externos não tem uma influência de causalidade linear nas dificuldades de aprendizagem de Biologia dos estudantes. Esses fatores fazem parte de configurações subjetivas sociais e da história de vida individual que interagem com configurações subjetivas do contexto atual.

Assim, as dificuldades de aprendizagem não são compreendidas como resultados de fatores isolados, mas de "configurações de sentidos subjetivos organizados no processo de aprender" (Mitjáns Martínez; González Rey, 2017, p. 113). Esses sentidos subjetivos podem ser gerados a partir de contextos diversos (família, situações sociais, raça, experiências anteriores, entre outras), assim como podem ter sua gênese nas relações estabelecidas na escola (Mitjáns Martínez; González Rey, 2017).

2.3 As intervenções pedagógicas identificadas nas pesquisas

De maneira geral, nos trabalhos analisados, o ensino tem uma perspectiva de transmissão de conceitos, e a aprendizagem ocorre pela mudança dos conhecimentos espontâneos do senso comum. As práticas educativas propostas foram pensadas como determinantes da maneira como os aprendizes irão se motivar e aprender. Assim, o movimento da maioria das pesquisas foi de identificar o que o estudante sabe e/ou não sabe previamente, desenvolver uma atividade distinta do ensino por exposição de conteúdo (intervenção pedagógica) e verificar o que mudou em relação aos conhecimentos prévios. Caso as mudanças esperadas tenham ocorrido, isso significa que a superação da dificuldade aconteceu.

Nessa direção, identificamos 13 trabalhos que utilizaram a diversificação metodológica, enquanto 43 realizaram intervenções, considerando estratégias específicas, como jogos didáticos (12), aulas práticas (9), modelos didáticos (5), situação problema (4), aulas que envolviam intervenções discursivas (2), utilização de filmes e vídeos (2), aulas de campo (2), ensino por investigação (1), ensino de estratégias de aprendizagem (1), ensino individualizado (1), uso de questionário (1), animações interativas (1), objetos virtuais de aprendizagem (1) e sequência de ensino baseada em um modelo construtivista (1).

Em geral, as investigações que desenvolveram intervenções com atividades metodológicas diversas tiveram como foco facilitar a compreensão do conteúdo por parte dos estudantes, proporcionando uma abordagem menos fragmentada e mais contextualizada da Biologia. Foi possível perceber a preocupação dos autores em motivar os estudantes, despertar o interesse deles, promover a interação e a participação mais efetiva. As pesquisas também criticaram o uso de uma metodologia única, especialmente o ensino expositivo, tendo em vista os diferentes processos de aprendizagem que o docente encontra em uma sala de aula.

Estas pesquisas salientam a importância de considerar as características individuais dos estudantes nos processos de ensino e aprendizagem. Na perspectiva da Teoria da Subjetividade, levar em conta as singularidades dos aprendizes também é essencial para aprendizagem, tendo em vista os aspectos afetivos, culturais, históricos e sociais, além das experiências de aprendizagem vivenciadas em sala de aula. Nessa direção, Mitjáns Martínez e González Rey (2017) destacam a necessidade de se conhecer a constituição subjetiva dos estudantes, buscando a personalização do processo de ensino.

Sobre as práticas educativas específicas, as pesquisas também justificaram o uso das atividades propostas com o objetivo de facilitar a aprendizagem e superar lacunas no aprendizado do conteúdo pelos estudantes. Encontramos, nos trabalhos, destaques para o papel das metodologias relacionadas à motivação, ao interesse, à interação e à melhoria do relacionamento entre estudantes e entre professore e estudantes. Cabral e Pereira (2015), Carneiro e Dal-Farra (2011), Ramírez-Olaya (2016) e Silva (2019) teceram considerações relevantes sobre o papel da emoção e da afetividade, destacando a importância desses aspectos no processo de aprendizagem.

Enfatizamos, ainda, a maior frequência das práticas educativas como os jogos didáticos (21%) e as aulas práticas (16%). Os jogos didáticos, possuem caráter lúdico, favorecem a interação, a motivação e a imaginação e envolvem aspectos cognitivos, emocionais, éticos, sociais, entre outros (Cunha, 2018). Já as aulas práticas, desafiam a imaginação e o raciocínio na busca por interpretações de resultados não previstos e contato direto com fenômenos e processos biológicos que precisam ser analisados (Krasilchik, 2004).

Após o desenvolvimento e avaliação das intervenções, as pesquisas apresentaram os resultados e conclusões, considerando as informações obtidas a partir dos instrumentos de pesquisas utilizados. De maneira geral, identificamos, de um lado, trabalhos que atribuíram o sucesso na aprendizagem dos estudantes às estratégias didático-pedagógicas realizadas (71%). Por outro lado, algumas pesquisas levaram em conta, além das características intelectuais, os aspectos sociais, afetivos e econômicos dos estudantes, assim como a identificação de conhecimentos prévios e das dificuldades de aprendizagem (29%).

Salientamos mais uma vez que, de acordo com a Teoria da Subjetividade, as práticas educativas não atuam como um meio que irá resultar diretamente na superação das dificuldades de aprendizagem. Esse processo depende de como os estudantes irão configurar subjetivamente as experiências daquela situação de aprendizagem. Importa, portanto, que as estratégias sejam pensadas com "foco no desenvolvimento de recursos subjetivos e não apenas no processo de transmissão de conhecimentos e desenvolvimento de habilidades específicas" (Mitjáns Martínez; González Rey, 2017, p. 149).

Nesse sentido, Tacca (2006) enfatiza a importância de as estratégias proporcionarem espaços relacionais, promovendo o diálogo, com foco na autonomia do aprendiz. Assim, considerar os aspectos sociais, afetivos e econômicos dos estudantes, os conhecimentos prévios e as dificuldades de aprendizagem deles é uma forma de conceber e conhecer de maneira mais cuidadosa e profunda as suas características individuais, o que se aproxima do referencial da Teoria da Subjetividade, que entende a dificuldade de aprendizagem no âmbito da singularidade subjetiva, tanto individual quanto social.

Em síntese, a análise dos trabalhos nos possibilitou obter uma melhor compreensão sobre as pesquisas na área da aprendizagem de Biologia, evidenciando as concepções das dificuldades de aprendizagem deste componente curricular e sua superação. Destacamos que estas investigações tem enfatizado as compreensões sobre aprendizagem de um ponto de vista predominantemente cognitivo, relacionando as dificuldades de aprendizagem de Biologia a aspectos específicos da disciplina, como o vocabulário de termos técnicos, o volume de conteúdo e a necessidade de abstração. Nas pesquisas que discutiram as condições dos estudantes, também predominam aspectos intelectuais e individuais, como concepções alternativas, desinteresse e ausência de motivação.

Quanto à superação das dificuldades de aprendizagem de Biologia, prevalece uma tendência à valorização dos métodos de ensino como determinantes para o aprendizado dos estudantes. A aula desenvolvida de forma diferente do modelo expositivo parece ser garantia para despertar o interesse e motivar os aprendizes. Ressaltamos que, neste livro, a superação das dificuldades de aprendizagem é compreendida como desenvolvimento, implicando no reconhecimento do estudante com dificuldade como pessoa capaz de expressar a condição de agente e/ou sujeito de seu próprio processo de aprendizagem. Estudamos, portanto, a superação das dificuldades de aprendizagem de Biologia na perspectiva da Teoria da Subjetividade, porque nos permite uma compreensão mais abrangente do processo de superação, tendo em vista a complexidade dos processos subjetivos que envolvem a aprendizagem.

3

O ITINERÁRIO DA PESQUISA

Neste capítulo, apresentamos as fundamentações epistemológica e metodológica da pesquisa realizada. Na sequência, expomos os detalhes da investigação de campo, considerando o processo de constituição e manutenção do cenário social da pesquisa, a seleção das participantes, os instrumentos utilizados e as estratégias pedagógicas desenvolvidas, assim como o processo construtivo-interpretativo das informações.

3.1 A Epistemologia Qualitativa

De acordo com Mitjáns Martínez (2019, p. 48), a epistemologia qualitativa é uma [...] concepção a respeito da produção do conhecimento sobre a subjetividade. Ela articula três princípios, que expressam a especificidade desta abordagem em relação a outras concepções epistemológicas: a produção do conhecimento como processo construtivo-interpretativo, o diálogo como oportunidade de produção subjetiva e a legitimação da singularidade para a construção de conhecimento sobre a subjetividade (González Rey, 2019; Mitjáns Martínez, 2014; 2019).

O processo construtivo-interpretativo é definido como a forma de se trabalhar com conjecturas, indicadores de sentidos subjetivos e hipóteses para a construção de um modelo teórico que produz inteligibilidade sobre o processo subjetivo investigado (Mitjáns Martínez, 2019). Nesta perspectiva epistemológica, o processo de interpretação do material empírico apresenta formas específicas, sendo os indicadores de sentidos subjetivos e as hipóteses parte essencial para se construir as informações, que não estão explícitas nas expressões dos participantes. Assim, a produção teórica apresentada neste livro ocorreu durante toda a investigação, em um movimento de sistematização, elaboração, interpretação e confrontação de indicadores e hipóteses. No decorrer da pesquisa, construímos um modelo teórico que buscou representar o conhecimento produzido no fluxo do processo investigativo.

O diálogo se configura como um espaço comunicativo de produção subjetiva, sendo compreendido como recurso fundamental para constituição e manutenção do cenário social da pesquisa (González Rey; Mitjáns Martínez, 2017). Nessa direção, buscamos o engajamento emocional das participantes, o estabelecimento de relações de confiança e a escuta compreensiva.

O diálogo e o saber são processos que se implicam reciprocamente na pesquisa, ou seja, é o espaço em que o/a pesquisador/a irá construir as informações necessárias para elaboração do modelo teórico (González Rey, 2019). Nesse processo investigativo, o pesquisador usa seu saber para interpretar, e sua interpretação gera conhecimento. No caso da presente pesquisa, por exemplo, utilizamos nosso saber sobre Biologia e sobre a teoria da subjetividade para interpretar e compreender as dificuldades de aprendizagem das estudantes. Dessa maneira, a interpretação gerou saber, pois pretendíamos conhecer quais eram as dificuldades, compreendê-las e explic*á*-las, tanto em seu caráter subjetivo quanto em seu caráter operacional. Nesse movimento, o conhecimento produzido durante a pesquisa gera mais saber, que se incorpora ao saber do pesquisador e promove avanços no processo construtivo-interpretativo da investigação em curso, seja modificando ou elucidando as ideias iniciais, seja gerando novas ideias.

González Rey (2019) destacou a importância da linguagem, da comunicação e do diálogo como necessários no nível epistemológico e metodológico da pesquisa. Para o autor: "o diálogo é um recurso privilegiado para o estudo da subjetividade e do desenvolvimento da subjetividade" (González Rey, 2019, p. 30). Nessa direção, importa que os participantes da pesquisa sejam considerados como indivíduos ativos no processo dialógico, favorecendo a construção de informações relevantes para o processo construtivo-interpretativo da investigação (Mitjáns Martínez, 2014). O movimento de interpretação de indicadores de sentidos subjetivos e hipóteses também acontece no diálogo entre participantes e pesquisador, desempenha um papel importante na criação de canais dialógicos para que as expressões não se limitem a respostas prontas.

A singularidade é reconhecida como espaço legítimo para o processo de produção do conhecimento científico (Mitjáns Martínez, 2014). A legitimação do singular enquanto instância de produção do conhecimento científico sobre a subjetividade, está fundamentada na valorização do aspecto teórico, sendo uma construção permanente de modelos de inteligibilidade, sobre objetos de estudo complexos (os processos subjetivos). Assim, o estudo de situações singulares pode contribuir para novas elaborações teóricas no campo da subjetividade, permitindo a generalização do conhecimento elaborado (Rossato, 2009). Os casos apresentados no presente livro *são singulares, pois a subjetividade é uma configuração de configurações, um objeto de estudo que não pode ser fragmentado. A fragmentação permite a comparação de determinado aspecto (variável) entre muitos participantes e a generalização d*os resultados. Isso não acontece nos estudos da subjetividade, nos quais a generalização é teórica, por meio da produção de um modelo que gera inteligibilidade sobre o(s) caso(s) estudado(s) e pode ser modificado em função dos resultados da análise de cada caso singular.

3.2 A Metodologia Construtivo-Interpretativa

A Metodologia Construtivo-Interpretativa considera a "pesquisa como produção teórica" (González Rey; Mitjáns Martínez, 2017b, p. 36), sendo a forma específica de se fazer pesquisa no âmbito da Teoria da Subjetividade, que integra três aspectos: o teórico, considerando a Teoria da Subjetividade; o epistemológico, por meio da Epistemologia Qualitativa; e o metodológico, com o processo construtivo-interpretativo. Esses aspectos apresentam vínculo indissociável e devem estar em estreita unidade durante toda a pesquisa (González Rey; Mitjáns Martínez, 2017b). Logo, os processos de interpretação e construção ocorrem durante toda investigação. Assim, na presente pesquisa, o material empírico produzido foi sendo utilizado para a elaboração de conjecturas, indicadores e hipóteses desde os primeiros contatos com as participantes, e em constante discussão com os fundamentos teóricos apresentados anteriormente.

A Metodologia Construtivo-Interpretativa não segue uma lógica instrumentalista em que se coletam dados sobre a realidade estudada, que são analisados e discutidos, posteriormente. Rossato (2019, p. 85) enfatiza que "A interpretação das informações ocorre ao longo de toda a pesquisa e vai alimentando novas construções teóricas no processo". Já o caráter construtivo "pressupõe a capacidade do pesquisador, tendo como referência sua base teórica, de produzir inteligibilidades em torno das informações geradas ao longo da pesquisa" (Rossato, 2019, p. 85).

Nessa abordagem de pesquisa, os participantes têm importância central, pois é a interpretação de suas expressões que possibilita a construção das informações. Assim, buscamos interpretar os sentidos subjetivos, as configurações subjetivas e os processos subjetivos individuais e sociais, considerando a análise profunda dessas expressões e a confrontação das informações oriundas dos instrumentos utilizados.

Nessa direção, o processo construtivo-interpretativo foi orientado pelas ideias iniciais elaboradas sobre o objeto de estudo, assim como pela questão de investigação e pelos objetivos da pesquisa anunciados na introdução. No decorrer das interpretações, as conjecturas e os indicadores de sentidos subjetivos foram elaborados e articulados, permitindo a construção das hipóteses. Estas, elaboradas e reelaboradas, constituíram a base fundamental para a construção do modelo teórico sobre os processos envolvidos na superação das dificuldades de aprendizagem de Biologia.

3.3 A pesquisa de campo: o que fazer diante do imprevisível?

A pesquisa foi desenvolvida em um dos campi do Instituto Federal do Amapá (IFAP)[6], localizado em área urbana e que oferta cursos técnicos de nível médio nas formas integrada e subsequente,[7] além de cursos na modalidade EJA, graduação e pós-graduação. As participantes da investigação foram estudantes do ensino médio técnico na forma integrada.

A investigação realizada no âmbito da Metodologia Construtivo-Interpretativa se configura como [...] um processo complexo que demanda imersão no campo, reflexão e, especialmente, imaginação e criatividade do pesquisador. Aprender a fazê-lo implica estudo e esforço consciente por parte do pesquisador, que a partir daí, "deve se *aventurar* nesse processo" (Mitjáns Martínez, 2019, p. 52, grifo nosso). Partindo desse comentário de Mitjáns Martínez, apresento nessa subseção os relatos da nossa *aventura* no processo construtivo-interpretativo da pesquisa.

Como em toda *aventura*, iniciamos com um planejamento prévio que esperava não sofrer muitas modificações ao longo do percurso. Mas, as "*aventuras-pesquisas*" são imprevisíveis! Muitas vezes, podem aparecer

---

[6] Buscando preservar a identidade dos participantes, o nome do *Campus* em que a pesquisa foi realizada não será identificado.

[7] De acordo com a Lei de Diretrizes e Bases da Educação Nacional, a educação profissional técnica de nível médio pode ser desenvolvida na forma articulada com o ensino médio e na forma subsequente. A forma articulada ao ensino médio subdivide-se em forma integrada e concomitante. Ambas para quem concluiu o ensino fundamental, sendo que a integrada ocorre para que o aluno conclua o ensino médio e a habilitação técnica na mesma instituição de ensino, mediante matrícula única. Já a forma concomitante, ocorre por meio de matrículas distintas para o ensino médio e para habilitação técnica, geralmente em instituições de ensino distintas. A forma subsequente é aquela destinada aos estudantes que já concluíram o ensino médio (Brasil, 1996).

desafios que suscitem a necessidade de alterações e adequações. Nesses momentos, importa lembrar que, na perspectiva do método construtivo-interpretativo, o processo investigativo não se orienta em uma sequência rígida de etapas nem em fases de análises estanques. As fases da pesquisa se articulam reciprocamente no que se refere à construção-interpretação das informações, podendo, inclusive, surgir novas ideias e hipóteses que vão se integrando à produção teórica. Logo, a metodologia delineada inicialmente no projeto de pesquisa foi revisada e adaptada conforme o desenvolvimento da pesquisa, considerando a construção teórica permanente, característica fundamental do método construtivo-interpretativo.

No caso desta nossa "*aventura-pesquisa*", em particular, não contávamos com a pandemia de Covid-19[8], que impactou as atividades educativas e fez com que elas passassem a ser desenvolvidas por meio do ensino remoto emergencial. Essa modalidade de ensino, conforme Moreira e Schlemmer (2020), pressupõe o distanciamento geográfico entre professores e estudantes, privilegiando "o compartilhamento de um mesmo tempo, ou seja, a aula ocorre em um tempo síncrono, seguindo princípios da aula presencial" (p. 9). Na época da pandemia de Covid-19, o ensino remoto emergencial caracterizou-se como uma modalidade temporária, sendo implantada em razão das circunstâncias da crise de saúde pública.

Dessa forma, em razão da pandemia de Covid-19, precisamos adaptar os procedimentos para que a pesquisa ocorresse no formato on-line, uma vez que o planejamento inicial considerava que as atividades seriam desenvolvidas presencialmente.

A necessidade de uma nova conformação da pesquisa gerou importantes momentos de reflexão a respeito dos melhores caminhos a serem percorridos, pela pesquisadora, no curso da investigação e sobre as decisões a serem tomadas. Além disso, foi preciso pensar novas estratégias de relacionamento com os estudantes, tendo em vista que a pesquisa passaria a ser realizada na modalidade virtual. Ressaltamos que a Metodologia

[8] A Covid-19 é uma síndrome respiratória aguda, causada pelo novo coronavírus (Sars-Cov-2). Teve origem na China, no final do ano 2019. Em janeiro de 2020, os primeiros casos de Covid-19 foram identificados em outros países da Ásia e, rapidamente, também passaram a ocorrer na Europa e na América do Norte. O primeiro caso do Brasil, em 25 de fevereiro de 2020, também o primeiro da América do Sul e a chegada da patologia em todos os continentes do Planeta. Esta, foi considerada a terceira epidemia em larga escala de coronavírus no mundo, durante o século XXI (Marques; Silveira; Pimenta, 2020). A gravidade da Covid-19, com número elevado de vítimas, demandou a adoção de medidas sanitárias urgentes, que evitassem, principalmente, a aglomeração de pessoas. Por isso, todos os países assumiram o isolamento social como principal ação e a maioria das atividades passaram a ocorrer no formato *on-line*.

Construtivo-Interpretativa considera de extrema relevância a imersão completa do/a pesquisador/a em campo, tendo em vista a constituição dos cenários sociais de pesquisa e o diálogo constante como principal fonte de informações do processo investigativo (González Rey; Mitjáns Martínez, 2017b). Dessa forma, foi necessário lançar mão de recursos tecnológicos diversos para seleção dos participantes e conseguir o envolvimento deles na pesquisa.

A entrada no campo ocorreu, então, no mês de agosto de 2020. Os contatos iniciais foram realizados com os gestores da instituição e com os professores de Biologia. Para tanto, utilizamos telefone, aplicativos de mensagens instantâneas, e-mail e realizamos reuniões via plataformas virtuais, como o *Google Meet*. Nesse primeiro período, que denominamos de período virtual da pesquisa, não ocorreram contatos presenciais. Após o cumprimento de questões burocráticas (autorização institucional, autorizações de responsáveis e a análise pelo Comitê de Ética em Pesquisa - CEP), iniciamos os contatos com os estudantes. Assim, de março a dezembro de 2021, desenvolvemos a pesquisa virtualmente com o grupo de participantes selecionados. As atividades desenvolvidas foram realizadas no formato de oficinas, que intitulamos de Bioficinas virtuais. As aulas presencias no campus retornaram em fevereiro de 2022, possibilitando iniciar o período presencial da pesquisa, como um contato mais próximo por meio da observação em sala de aula e da continuidade das Bioficinas, neste segundo momento, denominadas presenciais.

Desse modo, a investigação foi organizada conforme as etapas descritas a seguir. Importa enfatizar que as fases descritas não foram etapas rígidas, cumpridas como um manual de procedimentos previamente estabelecidos. Elas foram elaboradas com o intuito de fornecer uma compreensão sistematizada em relação ao que foi realizado durante o processo investigativo. As construções-interpretativas das informações foram feitas continuamente, durante toda a pesquisa de campo. Em cada momento da investigação, realizamos as seguintes atividades:

> **Período virtual da pesquisa, constituição e manutenção do cenário social de pesquisa:** contato inicial com os gestores do campus e com os professores de Biologia; seleção dos estudantes participantes por meio de autoavaliação; reuniões com os responsáveis dos estudantes; acompanhamento de aulas virtuais.

Bioficinas virtuais: atividades desenvolvidas pela plataforma *Google Classroom* e encontros síncronos pela plataforma *Google Meet.*

Período presencial da pesquisa, constituição e manutenção do cenário social de pesquisa: contato presencial com os professores de Biologia; análise documental (boletins e avaliações); observação participante; acompanhamento e resolução de atividades relacionadas ao conteúdo de Biologia.

Bioficinas presenciais: desenvolvimento de atividades presenciais com as estudantes participantes.

3.3.1 Características do local da pesquisa

Conforme mencionado anteriormente, os participantes da pesquisa foram estudantes do ensino médio técnico na forma integrada, do IFAP. De acordo com a Lei de Diretrizes e Bases da Educação Nacional (LDBEN, n.º 9394/96), nesta modalidade de ensino, ocorre a oferta da formação referente à educação básica de nível médio junto com a habilitação profissional aos estudantes que concluíram o ensino fundamental (BRASIL, 1996). No IFAP, o ingresso para o ensino médio integrado, ocorre por processo seletivo, via análise curricular (notas de Língua Portuguesa e Matemática obtidas no ensino fundamental).

Sobre o funcionamento dos cursos técnicos na forma integrada, destacamos que a oferta acontece em período integral e tem uma carga horária maior do que os cursos regulares, em razão dos componentes curriculares das áreas técnicas e da parte diversificada. Assim, os estudantes participantes da pesquisa, além dos componentes curriculares da Base Nacional Comum Curricular (Língua Portuguesa, Língua Inglesa, Artes, Educação Física, Matemática, Biologia, Física, Química, Filosofia, Geografia, História e Sociologia), estudavam componentes curriculares de Informática Básica, Metodologia da Pesquisa Científica e outros componentes técnicos, dependendo do curso. Eles também precisavam cumprir uma carga horária mínima de atividades complementares (participação em cursos, eventos, publicações, projetos etc.) e uma carga horária de prática profissional, com elaboração e apresentação de um trabalho final de conclusão de curso.

Entre as atividades e avaliações que os professores normalmente solicitavam estavam as provas tradicionais (múltipla escolha ou discursiva), simulados, provas orais, seminários individuais ou em grupo, discussões, debates, pesquisas, relatórios, atividades práticas e experimentos. Os trabalhos escritos precisavam seguir as normas da Associação Brasileira de Normas Técnicas (ABNT). A média para aprovação era de 70 pontos em cada componente curricular.

Em relação à infraestrutura física, o campus possui um auditório, uma biblioteca, um bloco de setor administrativo, um laboratório de línguas, dois de informática, um de química, um de Biologia, um de física, dois laboratórios especiais, 12 salas de aula, um bloco de setor pedagógico, almoxarifado, um bloco de salas de coordenações de cursos, sala de reuniões, refeitório, área de convivência, um ginásio poliesportivo, sala de assistência estudantil e estacionamento (IFAP, 2019).

O campus é organizado por uma Direção Geral, um Departamento de Ensino, um Departamento de Pesquisa e Extensão e um Departamento Administrativo. O Departamento de Ensino é composto pelos setores de Coordenação de Ensino, Coordenação Pedagógica, Coordenações de Curso, Assistência Estudantil e Registro Escolar/Acadêmico. Os estudantes em situação de vulnerabilidade socioeconômica recebem auxílio transporte, e todos os discentes do ensino integrado tem o almoço fornecido pela instituição, já que os cursos funcionam em regime integral. O campus possui 55 docentes, dos quais, à época da pesquisa, havia uma professora e um professor da área de Biologia, atuando nas turmas de nível médio, nos cursos da modalidade EJA e em alguns componentes curriculares dos cursos subsequentes e da graduação.

Quanto ao funcionamento das aulas durante a pandemia de Covid-19, o IFAP interrompeu o calendário letivo 2020, suspendendo as atividades presencias em 16 de março. A interrupção do calendário ocorreu antes das turmas do ensino médio integrado finalizarem o primeiro bimestre. No dia 1º de março de 2021, o calendário letivo foi retomado para as turmas do ensino médio integrado. As atividades foram realizadas via ensino remoto. Os professores inseriam os materiais referentes aos conteúdos e atividades no Ambiente Virtual de Aprendizagem (AVA), e ocorriam encontros síncronos semanais pelo *Google Meet,* com duração de uma hora cada.

A orientação pedagógica para realização dos encontros era de que os estudantes, após estudarem o material postado na plataforma, comparecessem para tirar eventuais dúvidas que surgissem. No entanto, os professores informaram que, normalmente, os estudantes não costumavam falar durante os encontros. Por isso, os professores sempre preparavam apresentações, expunham os conteúdos que precisavam ser estudados ou resolviam ou corrigiam exercícios. No AVA, eram postadas atividades diversas, as avaliações bimestrais e os materiais de apoio (apostilas em PDF, vídeo aulas gravadas pelos próprios professores ou links de vídeos disponíveis na internet). A maioria dos professores também gravava os encontros e os disponibilizava para posterior acesso pelos estudantes.

No dia 1º de janeiro de 2022, a instituição retornou às atividades presenciais em todas as unidades de ensino e na reitoria. As aulas iniciaram efetivamente em 7 de fevereiro do mesmo ano.

3.3.2 O cenário social da pesquisa

Na proposta metodológica construtivo-interpretativa, a pesquisa também é um processo social. Os participantes são o foco da investigação, considerando os contextos em que participam e as interações desenvolvidas. Nesta perspectiva, a constituição do cenário social da pesquisa é definida como uma ação importante (González Rey, 2005). De acordo com o autor: "Entendemos por cenário de pesquisa a fundação daquele espaço social que caracterizará o desenvolvimento da pesquisa e que está orientado a promover o envolvimento dos participantes" (p. 83).

Nessa direção, Rossato, Martins e Mitjáns Martínez (2014) explicam que, uma vez constituído, o cenário social da pesquisa permanece em constante manutenção durante todo processo investigativo. Assim, ele se configura como o espaço de relações estabelecidas entre o pesquisador e os indivíduos que integram o espaço pesquisado. Na constituição do cenário social da pesquisa, estabelecem-se as relações dialógicas e comunicacionais que serão mantidas ao longo de toda a investigação.

Como mencionado anteriormente, os participantes da pesquisa foram estudantes do ensino médio com dificuldades de aprendizagem em Biologia. Entretanto, no contexto da organização institucional, não era possível abordá-los diretamente. Desse modo, o processo de constituição do cenário social da pesquisa também ocorreu junto aos gestores do campus, aos professores de Biologia, aos técnicos do setor pedagógico e aos responsáveis pelos estudantes menores de 18 anos.

3.3.2.1 Primeiros contatos: os gestores do campus

Na instituição escolar, a constituição do cenário social da pesquisa é um processo desafiador, tendo em vista as características complexas e multidimensionais da escola que envolvem diversas questões pedagógicas, administrativas, sociais e políticas. Além disso, muitas vezes, a escola não está aberta à pesquisa, mostrando-se como um espaço com restrições institucionais que podem dificultar a realização das atividades propostas (Rossato; Martins; Mitjáns Martínez, 2014).

Ressaltamos que esta pesquisa ocorreu em uma instituição de ensino com características pedagógicas e administrativas próprias, especialmente por se tratar de uma instituição que oferta, ao mesmo tempo, educação básica e superior. Além disso, o IFAP é uma instituição que tem como missão a oferta de ensino, pesquisa e extensão, incentivando a investigação científica e estando disponível para o desenvolvimento desse tipo de atividade. Contudo, como em qualquer outra instituição, foi necessário cumprir algumas etapas burocráticas para que a pesquisa pudesse ser iniciada efetivamente.

Sendo assim, os primeiros contatos no campus foram feitos com a diretora de ensino e com o diretor geral. O objetivo foi apresentar a pesquisa, verificar o interesse pelo desenvolvimento do trabalho na instituição e solicitar autorização formal para realizá-la. Todos os contatos foram realizados via e-mail e telefone. Encaminhamos um resumo explicando os objetivos da pesquisa, junto com o ofício, o TCLE e os documentos de autorização exigidos pelo Comitê de Ética em Pesquisa (CEP). Os diretores concordaram e autorizaram o desenvolvimento da pesquisa.

3.3.2.2 A colaboração dos professores de Biologia

No início da pesquisa, atuavam na área de Biologia o professor Tony (substituto) e a professora Diana (efetiva). Em setembro de 2021, o professor Tony saiu da instituição em razão do encerramento de seu contrato. As turmas permaneceram sem professor de Biologia até o final de novembro do mesmo ano, em razão de questões de ordem burocrática para chamada de um novo professor substituto. A partir de fevereiro de 2022, passaram a atuar a professora Diana e a professora Jessica (substituta). Os participantes da pesquisa eram estudantes do professor Tony, no período virtual, e da professora Diana, no período presencial.

O primeiro contato com o professor Tony ocorreu por e-mail, em agosto de 2020. Neste momento, nos apresentamos, enviamos um breve resumo da proposta de pesquisa e o convidamos para colaborar com o trabalho, além de solicitar sua autorização para o desenvolvimento da investigação com as turmas em que ele atuava. O professor respondeu no mesmo dia, disponibilizando-se a participar. Ainda em agosto, tivemos uma conversa pelo *Google Meet* para nos conhecermos melhor, discutir a pesquisa, esclarecer eventuais dúvidas que ele tivesse e saber como estava o andamento das atividades escolares.

Em outubro de 2020, o IFAP realizou o evento on-line Semana Nacional de Ciência e Tecnologia (SNCT). Na ocasião, foi solicitado aos professores que inscrevessem atividades no formato de oficina ou palestras para serem ofertadas no evento. Com o objetivo de conhecer os estudantes do campus e com a intenção de que tivessem os primeiros contatos com a pesquisa, convidamos o professor Tony para elaborarmos uma atividade em conjunto. Ele aceitou e ofertamos uma oficina intitulada *Ferramentas digitais para estudar Biologia: construindo alternativas para aprendizagem*. Embora nossa intenção fosse estabelecer um contato inicial com os estudantes durante a atividade, percebemos que o processo de elaboração e planejamento, realizado por meio de reuniões on-line, foi essencial para constituição e manutenção do cenário social de pesquisa com o professor. Isso nos permitiu estabelecer uma comunicação mais próxima, auxiliando na compreensão do trabalho que ele desenvolvia com os aprendizes.

A professora Diana foi transferida de outro campus em janeiro de 2021. Iniciamos nossas conversas por telefone e continuamos por e-mail, enviando informações mais detalhadas sobre a investigação, o convite formal e o TCLE. Explicamos a pesquisa e perguntamos se a professora teria interesse em colaborar com o trabalho. Ela aceitou colaborar e autorizou a participação dos estudantes para quem estaria ministrando aula no ano letivo.

Após a confirmação do início das atividades letivas via ensino remoto emergencial, marcado para 1º de março de 2021, realizamos uma reunião com os dois professores para planejarmos como seria nossa participação nos encontros síncronos. Conversamos sobre a pesquisa, o andamento das atividades no ensino remoto emergencial e as dificuldades de utilização da plataforma e acesso à internet por parte dos estudantes. Elaboramos um cronograma de observações e planejamos juntos algumas estratégias para mobilização dos estudantes.

Consideramos que esse momento também foi importante para constituição e manutenção do cenário social da pesquisa com os professores, pois explicamos a importância da colaboração deles para auxiliar na nossa aproximação com os estudantes. Além disso, discutimos as estratégias pedagógicas a serem propostas para a superação das dificuldades de aprendizagem em Biologia. Um fato importante a ser mencionado foi que os professores Diana e Tony ainda não se conheciam, nem pessoalmente nem virtualmente. Ambos reconheceram que a reunião que realizamos foi uma oportunidade de conversarem enquanto professores do mesmo componente curricular do campus.

3.3.2.3 Parcerias com a equipe pedagógica e os coordenadores de cursos

Realizamos uma reunião em abril de 2021. Participaram da reunião os coordenadores dos quatro cursos técnicos ofertados no campus, a coordenadora pedagógica e duas pedagogas. Fizemos uma breve apresentação da pesquisa e seus objetivos, explicando que, naquele momento, estávamos realizando observações dos encontros síncronos e os estudantes estavam respondendo a um questionário de autoavaliação, o qual, posteriormente, nos auxiliaria na identificação daqueles que participariam efetivamente da pesquisa e dos encontros semanais que seriam propostos.

Tanto a equipe pedagógica quanto os coordenadores de curso se dispuseram a auxiliar, especialmente na mobilização dos estudantes e de seus responsáveis para as reuniões que estavam previstas como próximo passo na pesquisa. Mantivemos contato principalmente com os coordenadores, que nos auxiliaram na organização dos encontros por curso e incentivaram os estudantes a participar.

Periodicamente, encaminhávamos e-mails para a diretora de ensino, para a coordenadora pedagógica, para os coordenadores de ensino e para os professores de Biologia, informando-os sobre o andamento dos encontros, visando mantê-los informados sobre o que foi realizado. Além disso, os coordenadores e professores solicitaram que fossem fornecidos retornos a respeito do processo de aprendizagem dos estudantes participantes.

3.3.2.4 A escolha dos participantes da pesquisa

O passo inicial de contato com os estudantes ocorreu durante as aulas on-line das turmas do 1º ano e 2º anos, a partir de março de 2021, no contexto do ensino remoto emergencial. Tanto a professora Diana quanto o professor Tony nos inseriram na rotina das aulas de Biologia, permitindo nossa observação e o uso do instrumento de autoavaliação. Eles iniciaram a aula, nos apresentaram e disponibilizaram um tempo para que pudéssemos conversar com os estudantes. O objetivo era apresentar a pesquisa e convidá-los a colaborar, inicialmente, respondendo ao instrumento de autoavaliação.

A constituição do cenário social da pesquisa, como explicado anteriormente, deve iniciar desde o primeiro contato com os participantes e manter-se durante toda pesquisa. O objetivo é que ocorra a criação de laços de confiança, buscando a mobilização e o envolvimento deles, com vistas à criação e ao desenvolvimento de espaços dialógicos e relacionais que possibilitem a sua expressão de forma ativa e espontânea (González Rey, 2005; Rossato; Martins; Mitjáns Martínez, 2014; Mitjáns Martínez,2019). Nesse contexto, as ações de aproximação e de escolha dos estudantes também foram pensadas com o objetivo de iniciar um processo de diálogo que permanecesse em todo processo investigativo.

Nessa direção, 132 estudantes responderam ao instrumento de autoavaliação. As dificuldades para aprender Biologia foram indicadas por 51 estudantes. O instrumento de autoavaliação também buscou sondar o interesse dos estudantes em participarem de um projeto voltado à aprendizagem de Biologia. Assim, entre os 51 que indicaram possuir dificuldade no componente curricular, 28 demonstraram interesse em participar do projeto e 23 não.

Diante das informações obtidas a partir das análises do instrumento de autoavaliação, retomamos o contato com os coordenadores de curso, conforme combinado, para que nos auxiliassem no convite para conversar com os estudantes e seus responsáveis. Assim, realizamos reuniões por curso, primeiro com os estudantes e depois com os responsáveis. Nesses encontros, os responsáveis receberam e assinaram o TCLE. Todos os aprendizes que indicaram possuir dificuldades de aprendizagem em Biologia foram convidados a participar das reuniões. No total, 25 estudantes compareceram e, desses, 13 aceitaram participar da pesquisa, sendo que nove estudantes permaneceram até o final das atividades virtuais.

É importante destacar que, das nove participantes das atividades virtuais, cinco permaneceram participando até a finalização das atividades presenciais. Todas receberam e assinaram o Termo de Assentimento Livre e Esclarecido (TALE). As aprendizes eram do 1º ano do ensino médio, das turmas que ingressaram em 2020. Todas foram estudantes de Biologia do professor Tony no 1º ano do ensino médio de 2021. No ano 2022, no 2º ano, passaram a estudar com a professora Diana. No presente livro, discutimos os estudos de caso referentes a três das cinco aprendizes que permaneceram até o final da pesquisa: Evy, Maroca e Sofia[9].

Após a identificação inicial das estudantes, o convite para participação e aceitação por parte delas, iniciamos as Bioficinas. Essas atividades ocorreram nos dois períodos da pesquisa: virtual e presencial. No período virtual, discutimos temas diversos, e no presencial, abordamos a temática corpo humano. Esses encontros tiveram como objetivo desenvolver práticas educativas orientadas para a superação das dificuldades de aprendizagem em Biologia, incentivando e valorizando a autonomia, a criatividade, a imaginação e a produção própria das participantes.

No período presencial da pesquisa, encontramos as participantes pessoalmente pela primeira vez, após aproximadamente seis meses de trabalho virtual. Passamos a realizar as observações das aulas de Biologia e de outros componentes curriculares de interesse, visando construir informações acerca da interação e da participação delas nas aulas e na escola.

3.3.3 Os instrumentos da pesquisa

González Rey (2005; 2019) define instrumento de pesquisa como toda situação ou recurso que permite ao outro expressar-se no contexto relacional que caracteriza a pesquisa. O autor defende que, na pesquisa,

[9] Nomes fictícios escolhidos pelas participantes da pesquisa. Evy escolheu esse nome, pois assistiu ao filme Descendentes dias antes de responder o instrumento no qual pedi que indicassem um nome para a pesquisa. Ela gosta muito das histórias da *Disney* e se identificou com a personagem Evy. Maroca era o apelido da melhor amiga da participante e, no momento que solicitei que indicassem como gostariam de ser identificadas na pesquisa, ela relatou que lembrou da amiga e, por isso escolheu esse nome. Sofia escolheu esse nome porque ela o considerava muito bonito e, caso tivesse uma irmã, gostaria que a mãe escolhesse esse nome.

os instrumentos representam meios que devem envolver as pessoas emocionalmente, o que promoverá o diálogo e facilitará a interpretação dos sentidos subjetivos. Na Metodologia Construtivo-Interpretativa, a definição dos instrumentos não é considerada uma rotina padronizada, mas um processo permanente que vai se definindo, a partir das construções realizadas.

Dessa forma, a utilização dos instrumentos propostos teve como objetivo a construção e a interpretação das informações, considerando a produção de conjecturas, indicadores de sentidos subjetivos e hipóteses. Por meio desses instrumentos, buscamos identificar as dificuldades das participantes de aprendizagem de Biologia, assim como interpretar os processos subjetivos implicados na superação dessas dificuldades. Os instrumentos utilizados estão descritos a seguir.

Autoavaliação (Bezerra, 2023)**:** utilizamos a autoavaliação como um instrumento diagnóstico para obter informações iniciais sobre a relação dos estudantes com o componente curricular Biologia e, principalmente, auxiliar na identificação daqueles que se consideravam com dificuldades de aprendizagem. Este instrumento foi respondido no primeiro momento da pesquisa pelos aprendizes das turmas que se disponibilizaram voluntariamente. Importa ressaltar que a autoavaliação não pretendia um levantamento quantitativo a respeito dos discentes que possuíam ou não dificuldades de aprendizagem de Biologia. O objetivo deste instrumento foi levantar informações preliminares sobre os estudantes, solicitando que expressassem suas dificuldades para aprender Biologia. As informações da autoavaliação foram essenciais para auxiliar na seleção dos participantes da pesquisa. O referido instrumento foi disponibilizado e respondido pelos estudantes por meio de um formulário eletrônico elaborado na ferramenta on-line *Google Docs*.

Complemento de frases: utilizamos esse instrumento com o objetivo de identificar quais experiências de vida das estudantes estariam contribuindo para produção dos sentidos subjetivos delas a respeito da expressão das dificuldades de aprendizagem de Biologia e sua superação. O complemento de frases, inspirado em González Rey (2005), foi utilizado no primeiro encontro virtual, por meio de um formulário eletrônico da *Microsoft*. As respostas das participantes nesse instrumento também nos auxiliaram na elaboração dos roteiros para as dinâmicas conversacionais.

Observação: realizamos observações nas aulas regulares de Biologia, em algumas aulas de outros componentes curriculares, nos intervalos das aulas e nas atividades diversas ofertadas no campus. O objetivo foi construir informações a respeito da participação e das interações das estudantes, tanto em sala de aula quanto nas ações promovidas pela escola. Durante as observações, registramos as informações produzidas no caderno de campo.

Dinâmicas conversacionais: elaboramos os roteiros das dinâmicas conversacionais considerando a participação das estudantes nos encontros e os instrumentos escritos respondidos anteriormente (complemento de frases, autoavaliação e atividades das Bioficinas). As análises prévias desses instrumentos permitiram a elaboração de roteiros individuais, tendo em vista as características singulares, preferências e experiências das participantes. A partir dessas análises iniciais, construímos algumas conjecturas, principalmente a partir do complemento de frases, que nos auxiliaram na exploração de questões sobre a aprendizagem, dificuldades e aspectos da história de vida de cada estudante. Tomamos o cuidado de não elaborar roteiros longos e cansativos, pois as participantes da pesquisa eram adolescentes, que já passavam horas sentadas para realização das atividades da escola. Além disso, procuramos, com as dinâmicas conversacionais, estreitar a relação pesquisadora-participante e obter informações sobre aspectos de suas histórias de vida e suas aprendizagens. Um aspecto importante evidenciado nas conversas foi que verificamos a necessidade de modificar algumas abordagens das Bioficinas, para melhor atender às necessidades de aprendizagem. Realizamos a análise dessas conversas individuais, confrontando as informações com as expressões dos outros instrumentos e com as conjecturas iniciais, para então construir as impressões acerca das participantes, considerando a caracterização das dificuldades de aprendizagem em Biologia, assim como os processos subjetivos implicados na superação dessas dificuldades.

Momentos informais: inspirados em Egler (2022), esses momentos ocorreram ao longo de todo o processo da pesquisa, nos momentos de intervalo das Bioficinas, durante as observações na escola e por meio do WhatsApp, para tirar dúvidas sobre o conteúdo e as atividades, para falar sobre o desempenho nas avaliações bimestrais e para auxiliar-nos na elucidação de algumas informações dos demais instrumentos. Permanecemos em contato mesmo após o encerramento das Bioficinas, seja presencialmente na escola ou por meio do WhatsApp. Esses momentos informais foram de importância significativa para manutenção do cenário social da pesquisa e do diálogo com as participantes, favorecendo a expressão natural e espontânea a respeito das experiências vivenciadas tanto nas Bioficinas, na escola e, especialmente, nas aulas regulares de Biologia.

Análise documental: os documentos que analisamos foram os boletins e históricos das estudantes, as avaliações de Biologia e os cadernos de Biologia (anotações feitas pelas aprendizes durante as aulas). Na pesquisa, a análise documental foi importante para produção de informações relacionadas às estratégias de aprendizagem utilizadas pelas participantes, para a caracterização delas e para a complementação de informações produzidas nos demais momentos da investigação.

O que eu estudei, o que eu sei, o que eu ainda não sei e o que eu gostaria de saber sobre Biologia? (Bezerra, 2023)**:** elaboramos este instrumento escrito e o utilizamos no período presencial da pesquisa. O objetivo foi identificar os conteúdos que as participantes já haviam estudado, os que consideravam ter aprendido ou não, além das temáticas que gostariam de estudar. As informações obtidas auxiliaram na caracterização das dificuldades de aprendizagem e complementaram elementos importantes para as análises da pesquisa.

Como está o meu conhecimento em Biologia? (Bezerra, 2023): elaboramos e utilizamos esse instrumento com o intuito de compreender as dificuldades das estudantes em relação aos assuntos específicos de Biologia que já haviam estudado. As informações obtidas nos auxiliaram no planejamento e organização das atividades propostas nas Bioficinas. Esse instrumento escrito foi utilizado no período presencial da pesquisa.

Testando os meus conhecimentos sobre o corpo humano (Bezerra, 2023)**:** instrumento escrito, utilizado no segundo encontro presencial, para verificar as compreensões das estudantes acerca da temática do corpo humano. Esse tema foi escolhido pelo grupo para ser discutido nas Bioficinas presencias, e a questão "Como funciona o corpo humano?" direcionou todas as discussões e atividades dessa etapa da pesquisa. As informações obtidas também nos auxiliaram no planejamento dos subtemas a serem apresentados nos encontros posteriores, tendo em vista os sistemas do corpo humano que elas desconheciam e/ou tinham mais interesse em estudar.

Como funciona o corpo humano? (Bezerra, 2023): esse instrumento escrito foi respondido em dois momentos distintos: individualmente e em dupla. O objetivo foi identificar as concepções das estudantes sobre o corpo humano e qual o modelo que utilizavam para explicar o seu funcionamento. Após a elaboração dos modelos, cada dupla compartilhou suas ideias com o grupo, e realizamos uma discussão acerca da temática.

Retomando o problema: Como funciona o corpo humano? (Bezerra, 2023): a utilização desse instrumento escrito ocorreu ao final das Bioficinas presenciais, com o objetivo de verificar se houve modificações nas compreensões das estudantes em relação ao funcionamento do corpo humano e quais foram essas mudanças.

3.3.4 As Bioficinas

Por meio das Bioficinas, propusemos atividades que visavam incentivar e valorizar a produção própria das participantes da pesquisa, e que auxiliassem na aprendizagem dos conteúdos atitudinais, procedimentais e conceituais do componente curricular.

De acordo com Pozo e Gómez Crespo (2009), o ensino de ciências, incluindo Biologia, precisa levar em conta, além dos conteúdos científicos, as características dos aprendizes, bem como as demandas sociais e educacionais que esse ensino pretende satisfazer. Nesse sentido, é importante que as metas da educação em ciências ultrapassem o caráter exclusivamente seletivo (ensinar para aprovação em exames de seleção para o ensino superior) e passem a adquirir um caráter formativo. Essa última perspectiva demanda uma formação em ciências que considere:

> a) A aprendizagem de conceitos e a construção de modelos.
> b) O desenvolvimento de habilidades cognitivas e de raciocínio científico.
> c) O desenvolvimento de habilidades experimentais e de resolução de problemas.
> d) O desenvolvimento de atitudes e valores.
> e) A construção de uma imagem da ciência (Jimenez Aleixandre; Sanmartí, 1997, *apud*, Pozo; Gómez Crespo, 2009).

Nesse sentido, realizamos as Bioficinas com o objetivo de desenvolver atividades relacionadas aos conteúdos atitudinais, procedimentais e conceituais de Biologia, nos termos de Pozo e Gómez Crespo (2009). Além disso, nos termos da Teoria da Subjetividade (Mitjáns Martínez; González Rey, 2017), consideramos os aspectos sociais, relacionais, emocionais e históricos das estudantes, valorizando-as como produtoras do conhecimento, autônomas em seu processo de aprendizagem e capazes de criar caminhos próprios para compreender os conhecimentos do componente curricular. Também abordamos temas relativos aos principais gostos, interesses e necessidades delas.

3.3.4.1 Bioficinas virtuais

As Bioficinas virtuais iniciaram no mês de junho de 2021. A participação no projeto era voluntária e, ao final, as participantes receberam certificado de participação. As atividades foram realizadas por meio da plataforma Google Meet e com apoio da ferramenta Google Classroom. Na sala de aula virtual, compartilhávamos materiais de apoio, como vídeos, textos, slides dos encontros, animações, entre outros.

Realizamos as reuniões síncronas semanalmente, com duas horas de duração. Tivemos dez encontros, todos gravados, com uma presença média de sete a nove estudantes. Também realizamos duas atividades assíncronas. Durante os encontros, utilizamos slides, vídeos, esquemas, animações, textos diversos, entre outros materiais didáticos para auxiliar nas discussões dos temas propostos. De maneira geral, as participantes não ligavam a câmera durante os encontros, e a maior parte da manifestação ocorria pelo chat da plataforma. Na sequência, apresentamos o detalhamento geral de como as Bioficinas foram desenvolvidas.

Primeiro encontro: realizamos um planejamento coletivo, combinamos alguns procedimentos para o andamento das oficinas, dias e horários, e fizemos um tour pela sala virtual na plataforma Google Classroom. Retomamos aspectos da pesquisa, explicando que, além de trabalharmos atividades de aprendizagem de Biologia, também utilizaríamos alguns instrumentos que nos auxiliariam na construção e na interpretação das informações. Por fim, fiz uma sondagem de temas de interesse a serem abordados nos encontros posteriores.

Sobre o levantamento dos temas de interesse, pensamos que as estudantes indicariam temáticas abrangentes que gostassem ou que tivessem curiosidade em aprofundar, como meio ambiente, clonagem, drogas, sexualidade, entre outras. No entanto, elas indicaram conteúdos específicos que estavam previstos para a avaliação do final do bimestre: conceitos básicos de Biologia, organelas, núcleo celular, síntese proteica, citologia, DNA e vírus. Observamos que elas tinham grande expectativa para estudar novamente esses conteúdos, que já haviam sido ministrados anteriormente.

A justificativa delas para a escolha daqueles conteúdos foi a proximidade do período avaliativo, pois teriam apresentação de seminário e prova oral em poucas semanas após o início das Bioficinas. Além disso, informaram que se tratava de temas que não haviam conseguido compreender adequadamente no período letivo. Todos os conteúdos discutidos foram escolhidos pelas participantes.

Segundo encontro: falamos sobre o tema citologia, desenvolvendo o assunto por meio de uma conversa sobre as células, seu funcionamento e sua importância para os seres vivos. Perguntamos se alguém poderia dar um exemplo prático da utilização desse conhecimento sobre citologia, mas não obtivemos respostas. Então, apresentamos um exemplo relacionado ao uso de álcool em gel para evitar a contaminação por doenças, como a COVID-19, e também falamos sobre vacinas. As estudantes ficaram mais participativas e fizeram alguns questionamentos.

Na sequência, apresentamos um breve resumo do assunto por meio de slides. Percebemos que, nesse momento, elas participaram ativamente, fazendo perguntas, respondendo, tirando algumas dúvidas e tentando fazer algumas relações entre o conteúdo e o que havíamos discutido anteriormente. Nessa parte do encontro, que caracterizamos como um momento expositivo, as estudantes pareceram mais à vontade para participar do que quando solicitamos que se expressassem livremente sem ter apresentado informações prévias. A interação ocorreu, principalmente, pela janela de mensagens escritas da plataforma.

Terceiro encontro: disponibilizamos, antecipadamente, o texto intitulado "*Vírus: vida e obra do mais antigo dos seres*" (Vaiano; Carbinatto; Eler, c2021). Escolhemos o texto em razão de apresentar uma linguagem acessível e bem humorada para tratar de temas científicos. Além disso, a leitura foi escrita no contexto da pandemia de Covid-19, utilizando um tema bastante atual e comentado à época. A reportagem também abordava outros conteúdos de interesse, como organelas, origem da vida e material genético, oportunizando a relação entre os diversos temas do conteúdo da Biologia.

O planejamento inicial da atividade era para que discutíssemos alguns aspectos abordados no texto, contextualizando com a realidade histórica atual e destacando as relações entre os variados temas abordados. Entretanto, das nove estudantes que compareceram ao encontro síncrono, apenas duas leram parte do texto. As demais informaram não ter acessado o material por falta de tempo, indisponibilidade de internet ou por consideraram o texto muito extenso e nem iniciaram a leitura.

Dando continuidade às atividades, fizemos uma apresentação geral do texto, justificando a escolha para introduzir as discussões sobre os vírus. Destacamos conceitos importantes para a compreensão do conteúdo: parasitismo, mutação, hospedeiro, sistema imunológico, antígeno, vacina e anticorpos. Sabendo que elas já haviam estudado a maioria desses conceitos técnico-científicos, perguntávamos, antecipadamente, se lembravam ou se sabiam explicar. De maneira geral, as estudantes apresentavam dificuldades para expor o que compreendiam, utilizando, muitas vezes a expressão "não sei".

Após esgotar a discussão do texto, exibimos alguns slides com breves exposições do tema sobre os vírus, utilizando imagens diversas para tratar das características gerais, estrutura, ciclo de vida, doenças virais, epidemia, endemia e pandemia. Por fim, apresentamos o seguinte questionamento para reflexão: "Como o conhecimento sobre os vírus pode ser utilizado na vida real?". Alguns estudantes se manifestaram, falando principalmente sobre a relação dos vírus com as doenças. Percebemos que, embora não seja um tema relativo ao conteúdo que estavam estudando nas aulas de Biologia, o assunto sobre os vírus as interessou de forma significativa. Possivelmente, em razão de ser uma temática que faz parte do cotidiano e estava sendo muito veiculado à época.

Quarto encontro: iniciamos retomando a discussão sobre os vírus, utilizando uma atividade que fora solicitada no final do encontro anterior. Falamos sobre as dificuldades para resolução das questões propostas, que eram oriundas da Olimpíada Brasileira de Biologia (OBB) e versavam sobre aspectos do cotidiano relacionados ao tema em estudo. As participantes indicaram dificuldades de resolução em razão dos termos técnico-científicos utilizados nas questões, pois não reconheceram ou não lembraram alguns dos conceitos apresentados. Também mencionaram problemas em relação à interpretação das questões. Na sequência, discutimos cada uma das perguntas.

Finalizada a discussão da atividade, passamos à discussão do tema dos ácidos nucléicos. Utilizamos slides com imagens e animações virtuais sobre o conteúdo. Revisamos conceitos como carioteca, células procariontes e eucariontes, proteínas, DNA, RNA e as suas relações com o código genético.

Quinto encontro: o tema discutido foi a estrutura celular. Para iniciar a conversa, utilizamos o vídeo *Viagem à Célula*[10], partindo da questão: "Organismos diferentes necessariamente precisam ter células diferentes?". Assistimos ao vídeo e realizamos uma discussão sobre os termos técnico-científicos e os conteúdos abordados. Retomamos alguns conceitos estudados anteriormente, buscando reconhecer e compreender as estruturas celulares e relacionar os conceitos de citologia dentro do corpo teórico da Biologia, considerando a variedade de células existentes. Durante o encontro, incentivamos a discussão e a reflexão por parte das estudantes, contudo elas pareciam sempre esperar pelas explanações acerca da temática.

Ao final do quinto encontro, solicitamos que as estudantes realizassem a atividade assíncrona: *Criando o meu modelo de célula*. Na atividade, explicamos brevemente o objetivo dos modelos na ciência, explorando

[10] Vídeo do Grupo Bio é Vida da Unicamp, disponível em: BIO É VIDA - VIAGEM À CÉLULA (Unicamp) - YouTube.

diferentes modelos de células desenvolvidos ao longo da história da Biologia. Na sequência, as estudantes deveriam construir seu próprio modelo de célula, considerando o que fora estudado. A atividade foi explicada durante o encontro, e as respostas foram postadas na sala de aula virtual. As análises dos modelos elaborados foram discutidas individualmente.

Sexto encontro: discutimos as relações entre os fundamentos químicos da vida e a alimentação saudável, com foco em proteínas e síntese proteica. Utilizamos slides, imagens e reportagens sobre saúde e qualidade de vida, relacionadas à alimentação.

No período de realização do sexto encontro, as turmas estavam em processo de substituição do professor de Biologia. Finalizaram o conteúdo organelas celulares com o professor Tony e fizeram o seminário como avaliação final referente ao segundo bimestre. Não havia previsão para a chegada do novo docente, por isso as estudantes solicitaram que déssemos continuidade nos temas das Bioficinas, de acordo com o programa curricular da escola. Concordamos e, a partir do sétimo encontro, discutimos o tema núcleo celular e divisão celular, que elas ainda não haviam estudado.

Sétimo encontro: iniciamos falando sobre o núcleo celular, suas características, estruturas e importância para o funcionamento das células. Na sequência, debatemos o tema da clonagem, com o intuito de ilustrar o assunto sobre o núcleo e introduzir o estudo da divisão celular. Para falar sobre a clonagem, apresentamos a história da ovelha Dolly e explicamos como o processo de clonagem de seres vivos é realizado. Apresentamos uma reportagem sobre tentativas de clonagem de mamutes, animais já extintos, para a construção de parques temáticos. Esse item gerou curiosidade nas estudantes favorecendo a discussão a respeito de questões éticas sobre a clonagem.

Oitavo encontro: continuamos com o conteúdo da divisão celular e com as discussões sobre clonagem. Apresentamos o trecho inicial do filme *Jurassic Park*[11] (1993), em que um personagem explica sobre o processo de clonagem desenvolvido para criação dos dinossauros do parque. Utilizamos o filme para ilustrar tanto o processo de clonagem quanto as discussões bioéticas e

[11] Disponível em: Jurassic Park: O Parque dos Dinossauros (1993) - Parque dos dinossauros (1/10) | Filme/Clip - YouTube.

controversas que atravessam a temática. Na sequência, abordamos questões a respeito da clonagem terapêutica, reprodutiva e de espécies extintas ou em risco de extinção. As estudantes participaram ativamente da discussão, emitindo opiniões e fazendo questionamentos sobre diversos aspectos do assunto. A interação permanecia ocorrendo principalmente pelo chat.

Em um segundo momento, ao falar especificamente sobre a divisão celular, discutimos sua importância para perpetuação da vida, considerando os processos de reprodução, desenvolvimento, crescimento e manutenção das espécies. Apresentamos os tipos de divisão e explicamos sobre as fases de cada uma, utilizando slides. Neste momento, em que discutimos aspectos mais técnicos do conteúdo, as aprendizes mencionaram dificuldades, especialmente em relação aos termos técnico-científicos utilizados.

Nono encontro: durante a semana que antecedeu esse encontro, as estudantes relataram não ter compreendido o processo de divisão celular. Ainda não tinham entendido como e onde esse processo acontecia. Por isso, planejamos abordar o tema a partir de algumas situações do cotidiano: descamação da pele após exposição ao sol; processos de cicatrização; formação, desenvolvimento e crescimento de embriões no útero após a fecundação; crescimento das plantas; e reprodução de seres unicelulares.

As estudantes participaram das discussões, fizeram perguntas e apresentaram exemplos complementares de suas próprias vivências. Utilizamos uma animação que tratava sobre a mitose[12] e pedi que relacionassem os conceitos apresentados com as situações que havíamos discutido anteriormente. Observamos que elas tiveram dificuldades para expressar essas relações, especialmente no que diz respeito aos desdobramentos e conceitos do processo de divisão celular.

Ainda no nono encontro, solicitamos a atividade assíncrona *Divisão celular: mitose*. Nessa atividade, apresentamos uma situação referente ao crescimento e desenvolvimento de uma roseira, a partir de um galho. Discutimos as relações com a mitose e solicitei que as estudantes elaborassem seu próprio modelo explicativo sobre a situação descrita. A atividade foi explicada durante o encontro, e as respostas foram postadas na sala de aula virtual.

Décimo encontro: continuamos com as discussões a respeito do processo de divisão celular. Neste encontro, utilizamos o câncer como

[12] Disponível em: Mitose animação – YouTube.

exemplo. Iniciamos a discussão apresentando dados de saúde pública sobre a doença. Em seguida, formulamos a questão: "Qual a relação entre o câncer e a divisão celular?", que direcionou nossa discussão com o auxílio de dois textos do Instituto Nacional do Câncer (INCA)[13]. A atividade proposta consistiu na leitura dos textos e construção de respostas à questão. As estudantes realizaram a leitura dos textos e apresentaram as respostas pelo chat da plataforma. Conforme elas respondiam, avançamos na discussão sobre a temática, relacionando-a ao processo de divisão celular. Nesse encontro, a participação foi mais ativa, com várias perguntas e exemplos vivenciados pelas participantes.

3.3.4.2 Bioficinas presenciais

As Bioficinas presenciais iniciaram no mês de abril de 2022. Realizamos nove encontros, sendo oito nas dependências do campus e um no Bioparque da Amazônia, localizado na cidade de Macapá. Todos os encontros foram registrados em áudio e vídeo. Tivemos dificuldades para realização de mais encontros em razão da agenda de eventos institucionais e aos períodos avaliativos, momentos em que as estudantes ficavam mais sobrecarregadas. Nessas ocasiões, realizávamos as observações da participação das estudantes nessas atividades escolares. Nas Bioficinas presenciais, as discussões dos temas foram realizadas em rodas de conversa, em que todas nos sentávamos próximas, facilitando o diálogo e a interação. Para auxiliar as discussões, utilizamos slides, práticas de laboratório, textos, atividades impressas, entre outros materiais didáticos. De maneira geral, as estudantes participavam ativamente e com frequência, expressando-se livremente sobre os temas discutidos. Na sequência, expomos a descrição geral de cada encontro.

Primeiro encontro: realizamos as apresentações, retomamos os objetivos do projeto e pedimos que cada uma falasse sobre suas expectativas de participação. Na sequência, fizemos uma chuva de ideias sobre possíveis temas de interesse para discussão. Todas apresentaram sugestões de temas e, após algumas discussões, chegamos ao consenso de que o tema corpo humano seria o foco dos debates presenciais. Como atividade, solicitamos que cada aprendiz pesquisasse e apresentasse, no encontro seguinte, o que

[13] Disponível em: O que é câncer? — Português (Brasil) (www.gov.br) e O que causa o câncer? — Português (Brasil) (www.gov.br).

gostariam de saber sobre o corpo humano. Nesse encontro, as estudantes também responderam ao instrumento escrito "O que eu estudei, o que eu sei, o que eu ainda não sei e o que eu gostaria de saber sobre Biologia?".

Segundo encontro: iniciamos falando das proposições de temas sobre o corpo humano que havíamos solicitado no encontro anterior. Quatro participantes manifestaram interesse sobre aborto, sistema nervoso e sistema cardíaco. Na sequência, para iniciar a discussão geral, utilizamos uma atividade impressa, adaptada de Moraes e Guizzetti (2016), com o objetivo de sondar as estudantes sobre a compreensão do funcionamento do corpo humano. Todas responderam à tarefa proposta e, na sequência, realizamos um debate, partindo das respostas delas, buscando compreender a ideia de funcionalidade sistêmica do corpo humano. Nesse encontro, as estudantes também responderam ao instrumento escrito "Como está o meu conhecimento em Biologia?".

Terceiro encontro: nesse encontro, realizamos a elaboração individual de modelos sobre o corpo humano, partindo da questão "Como funciona o corpo humano?". As estudantes ficaram livres para utilizarem os recursos que julgassem melhor para elaborar suas explicações. Nesse encontro, elas também responderam ao instrumento escrito *Testando os meus conhecimentos sobre o corpo humano.*

Quarto encontro: continuamos com a elaboração dos modelos para responder à questão "Como funciona o corpo humano?". Nesse encontro, a atividade foi realizada em duplas. Devolvemos os modelos elaborados no encontro anterior e solicitamos que discutissem e contrastassem suas construções individuais e elaborassem um modelo explicativo da dupla. Em seguida, cada dupla apresentou e comentou seu modelo. Após as explicações, verificamos que, em todos os casos, um modelo complementou o outro para construção da nova explicação. Contudo, alguns sistemas não foram citados, entre eles o endócrino, que interessou o grupo, pois muitas ainda não o conheciam. Diante disso, concordamos que esse seria o tema do próximo encontro.

Quinto encontro: esse encontro ocorreu após o período de férias escolares. Iniciamos com uma dinâmica sobre o sistema endócrino buscando verificar se as estudantes conheciam as glândulas do organismo humano. A partir da atividade, na qual localizamos as principais glândulas do sistema endócrino em um desenho do corpo humano, continuamos com a explanação e discussão sobre o tema. As estudantes participaram com perguntas apresentando relações cotidianas que não sabiam estar relacionadas com esse sistema. Ao final, combinamos que o próximo tema seria o sistema cardiovascular.

Sexto encontro: retomamos a questão "Como funciona o corpo humano?" e realizamos um breve debate sobre o que as aprendizes lembravam e consideravam que haviam aprendido a respeito do tema, apresentando alguns exemplos. Na sequência, passamos a discutir o tema sistema cardiovascular, fizemos uma breve explanação e, ao final, distribuímos temas individuais sobre patologias associadas ao sistema para serem apresentados no encontro seguinte.

Sétimo encontro: continuamos com a discussão sobre o sistema cardiovascular. Realizamos uma prática no laboratório de Biologia, observando ao microscópio lâminas de células e cortes de tecidos do sistema. Também utilizamos o coração de um boi para o reconhecimento das estruturas anatômicas do coração. Na sequência, cada estudante apresentou a patologia, utilizando o órgão em estudo.

Oitavo encontro: no primeiro momento, discutimos o sistema nervoso. Utilizamos imagens impressas dos órgãos e das células que formam o sistema. As estudantes foram identificando as estruturas enquanto debatemos a respeito do funcionamento, as patologias associadas e a integração desse sistema com o corpo humano. Nesse encontro, elas também responderam ao instrumento escrito *Retomando o problema: Como funciona o corpo humano?*

Nono encontro: este foi o encontro de encerramento das Biofícinas. Realizamos uma atividade externa no Bioparque da Amazônia. Discutimos aspectos a respeito da importância do estudo da Biologia, das aprendizagens e das dificuldades de aprendizagem no componente curricular. Retomamos as discussões sobre o corpo humano com uma abordagem mais geral, sobre o que lembravam e dúvidas que tiveram no percurso. Considero que esse foi um momento importante de diálogo em grupo e autoavaliação, considerando todos os debates que tivemos no período de dois anos.

As conversas informais (presenciais e por meio de aplicativos de mensagens instantâneas) permaneceram após esse período, assim como as observações e as análises documentais.

3.4 O processo construtivo-interpretativo da pesquisa

O processo construtivo-interpretativo buscou responder à questão de investigação relacionada ao objetivo apresentado na introdução: como são produzidos os sentidos subjetivos desfavoráveis à aprendizagem de Biologia, e como ocorre a mobilização e/ou a produção de recursos operacionais, relacionais e subjetivos específicos para aprender os conteúdos do componente curricular, visando a superação das dificuldades de aprendizagem por estudantes do ensino médio?

Nessa direção, realizamos as construções interpretativas, tendo em vista a configuração subjetiva da ação de aprender das estudantes participantes da pesquisa. Importa salientar que a configuração subjetiva da ação compreende os sentidos subjetivos individuais (história de vida e personalidade), sociais e os produzidos durante a ação (Mitjáns Martínez; González Rey, 2017). Dessa forma, tomando como suporte o modelo de apresentação da configuração subjetiva da ação pedagógica de Egler (2022), apresentamos, neste livro, a configuração subjetiva da ação de aprender Biologia, para explicar os processos subjetivos envolvidos na superação das dificuldades de aprendizagem desse componente curricular.

Conforme González Rey e Mitjáns Martínez (2017a), os processos de movimento da subjetividade não representam o resultado direto da utilização de determinada estratégia pedagógica. Eles dependem da interação das produções subjetivas dos estudantes durante a experiência de ensino e aprendizagem (ação), daquelas geradas nos variados contextos em que eles participam (subjetividade social), assim como das configurações subjetivas de sua história de vida e da personalidade (subjetividade individual). As produções subjetivas são singulares, ou seja, diferentes para cada indivíduo, expressando-se de formas e em tempos distintos.

Durante um processo investigativo ou de intervenção pedagógica, é possível que não ocorra mudança subjetiva e/ou desenvolvimento subjetivo no período pré-estabelecido. Estes processos subjetivos apresentam desdobramentos imprevisíveis, sendo impossível determinar um tempo para que aconteçam e sejam interpretados. Outra possibilidade é que esses processos subjetivos ocorram apenas em alguns participantes da pesquisa. Também é possível que as ações desenvolvidas tenham repercussões somente em momentos futuros, ou seja, que o/a pesquisador/a não consiga interpretá-las no momento em que a pesquisa está acontecendo.

Desse modo, escolhemos as estudantes Evy, Maroca e Sofia para protagonizarem os estudos de caso singulares da pesquisa realizada. Durante o processo investigativo, foi possível construir e interpretar a configuração subjetiva da ação de aprender Biologia delas, identificando suas dificuldades de aprendizagem assim como alguns processos subjetivos implicados na superação dessas dificuldades.

O processo de construção e interpretação das informações foi realizado no curso da investigação, conforme as características da metodologia construtivo-interpretativa. Logo, a elaboração dos estudos de caso levou em conta as interações estabelecidas durante toda a pesquisa, as dinâmicas conversacionais realizadas, a observação da participação das estudantes nas Bioficinas e nas atividades escolares, as respostas aos instrumentos escritos, as análises documentais e as minhas anotações de campo. Importa considerar que, de acordo com Mitjáns Martínez (2019, p. 51-52):

> [...] a elaboração de indicadores, elementos-chave para o processo de construção da informação, não deriva diretamente da informação explícita, aquela significada de forma consciente pelos indivíduos e expressa nas suas falas. Eles implicam um processo interpretativo do pesquisador sobre esse material empírico, do qual o indicador emerge como um significado não explícito nele. A construção é concebida como um processo, não como um momento. E vai acontecendo ao longo da pesquisa num processo de tessitura de indicadores e na elaboração de hipóteses [...].

Sendo assim, o processo construtivo-interpretativo dos estudos de caso, gerados no processo investigativo e relatados no capítulo seguinte, ocorreu a partir da produção de conjecturas, indicadores e hipóteses, continuamente confrontados com o arcabouço teórico assim como com os novos elementos que emergiram no processo. Essas informações, organizadas e reorganizadas no decorrer da investigação, compõem as reflexões constantes da elaboração do modelo teórico.

Os resultados são apresentados por meio de estudos de caso que representam "um recurso metodológico essencial da pesquisa construtivo-interpretativa, pois permite organizar teoricamente os processos em estudo" (González Rey; Mitjáns Martínez, 2017b, p. 160). O estudo de caso possibilita explicar o funcionamento da subjetividade nos processos, ações e relações estabelecidos pelo indivíduo nos contextos estudados. Desse modo, os estudos de caso funcionaram para colocar em evidência a produção subjetiva das estudantes no processo de superação das dificuldades para aprender Biologia, dimensão que não vem sendo explorada nas pesquisas sobre os processos de ensino e aprendizagem.

Além disso, expomos nos resultados a caracterização da dimensão operacional das dificuldades de aprendizagem das participantes, considerando as diferenças entre as suas teorias implícitas e o conhecimento científico, tendo em vista seus princípios epistemológicos, ontológicos e conceituais, conforme os estudos de Pozo e Gómez Crespo (2009).

4

EVY, MAROCA E SOFIA: ESTUDOS DE CASO DA PESQUISA

Neste capítulo, apresentaremos inicialmente a caracterização da dimensão operacional das dificuldades de aprendizagem das três participantes da pesquisa. Na sequência, destacaremos os três estudos de caso, com ênfase na configuração subjetiva da ação de aprender Biologia de cada uma das estudantes, buscando evidenciar as mudanças subjetivas que contribuíram para a superação das dificuldades de aprendizagem em Biologia. Por fim, apresentaremos as análises integrativas elaboradas a partir dos estudos de caso.

4.1 A dimensão operacional das dificuldades de aprendizagem em Biologia nos casos de Evy, Maroca e Sofia

Conforme mencionado anteriormente, o tema central das discussões nas Bioficinas presenciais foi o corpo humano. O assunto foi escolhido pelo grupo no primeiro encontro, após alguns debates e ponderações acerca da temática que seria de interesse coletivo. Em geral, as estudantes comentaram ter curiosidade em saber como o organismo humano funcionava. Maroca, que foi uma das primeiras a se manifestar quando solicitamos sugestões de temas, comentou: "*Assim, professora, eu tenho vontade de saber sobre o corpo humano e mais sobre as células*" (Bioficina presencial, encontro 1).

Com a temática definida, passamos a realizar as Bioficinas a partir da pergunta orientadora: "Como funciona o corpo humano?". No decorrer dos encontros buscamos desenvolver o enfoque de ensino por explicação e contraste de modelos, conforme definido por Pozo e Gómez Crespo (2009). A escolha desse enfoque de ensino ocorreu em razão da compreensão da importância de que os aprendizes conheçam a variedade de modelos que explicam as estruturas e os processos biológicos. De acordo com os autores: "a exposição e o contraste desses modelos irão ajudá-los [os estudantes] não só a compreender melhor os fenômenos estudados, mas, sobretudo, a natureza do conhecimento científico elaborado para interpretá-los" (p. 276).

Importa destacar que, tanto o conhecimento científico, quanto o conhecimento cotidiano (gerado nas relações sociais e culturais dos aprendizes), apoiam-se em princípios epistemológicos, ontológicos e conceituais. No entanto, ocorrem diferenças radicais entre os princípios que organizam o conhecimento científico e os do conhecimento cotidiano dos estudantes (teoria implícita). Identificar e buscar compreender como essa organização ocorre na teoria implícita dos aprendizes do ensino médio, é parte essencial para o processo de superação das dificuldades de aprendizagem, tendo em vista a mudança conceitual profunda, ou seja, a integração hierárquica da teoria implícita dos estudantes ao conhecimento científico (Pozo e Gómez Crespo, 2009).

Nessa direção, apresentamos a caracterização das dificuldades de aprendizagem de Biologia das participantes da pesquisa, nos termos das diferenças existentes entre as suas teorias implícitas e o conhecimento científico, tendo em vista seus princípios epistemológicos, ontológicos e conceituais. As informações para elaboração desta caracterização foram produzidas principalmente no período presencial da pesquisa. Partimos do questionamento de interesse das estudantes: "Como funciona o corpo humano?" e buscamos favorecer a construção de respostas por meio da indagação, seguida da explicitação, enriquecimento dos modelos explicativos prévios, redescrição e incorporação da linguagem científica (códigos mais elaborados). Além disso, durante os encontros, incentivamos a produção própria, a imaginação e a autonomia.

Realizamos atividades com o intuito de oportunizar a aprendizagem sobre as estruturas e o funcionamento do corpo humano, analisando e discutindo a respeito de modelos e figuras, observando lâminas histológicas ao microscópio óptico e peças anatômicas reais. Além disso, buscamos promover o estudo sobre os diversos processos do corpo humano, focando nas relações entre os sistemas do organismo e nos impactos de seu mal funcionamento na saúde humana. Durante as discussões propostas, as estudantes puderam contrastar seus próprios modelos explicativos avançando na elaboração de explicações mais próximas do modelo teórico da Biologia.

De início, para a análise dos conhecimentos prévios das estudantes utilizamos as informações do instrumento escrito "Como está o meu conhecimento em Biologia?". Nesse instrumento, havia duas perguntas mais relacionadas à temática:

> ***11** - Eu sei o que é tecido.*
> ( ) SIM! Explique com as suas palavras:
> ( ) NÃO!
>
> ***20** - Eu sei o que a fisiologia estuda.*
> ( ) SIM! Explique com as suas palavras:
> ( ) NÃO! (Perguntas do instrumento escrito "Como está o meu conhecimento em Biologia?").

Maroca e Sofia responderam "NÃO" em ambas as questões. Evy respondeu "NÃO" para questão sobre fisiologia humana e "SIM" para questão a respeito da explicação para tecido e escreveu: "*Um conjunto de células que depois viram órgãos*" (Evy, instrumento escrito "Como está o meu conhecimento em Biologia?"). Durante os comentários sobre a resolução das perguntas, Maroca comentou:

> ***Maroca:** Professora, o que é tecido?*
>
> ***Pesquisadora:** Tecido é o conjunto de células.*
>
> ***Maroca:** Eu sabia, mas eu não coloquei nada aí.*
>
> ***Pesquisadora:** Por exemplo, tecido epitelial, ósseo, cardíaco, lembram?* (*Bioficina* presencial, encontro 1).

Os temas tecido e fisiologia são estudados tanto no ensino fundamental quanto no 1º ano do ensino médio. Assim, a partir das respostas ao instrumento, inferi que as estudantes apresentavam algumas dúvidas quanto ao conteúdo, assim como dificuldades para lembrar os conceitos estudados anteriormente. Especificamente em relação à resposta de Evy à pergunta sobre tecido, observei que ela lembrava o significado do termo (tecido como um conjunto de células), assim como apresentou uma das funções mais básicas dos tecidos nos organismos vivos (os tecidos formam os órgãos).

No segundo encontro, para buscar compreender o entendimento das estudantes sobre o funcionamento do corpo humano, realizamos a atividade apresentada na Figura 1 a seguir.

Figura 1 – Atividade desenvolvida durante o encontro 2 das Bioficinas presenciais

Observe atentamente esta situação de fuga e liste quais os sistemas do corpo humano que estão envolvidos nessa ação.

Fonte: Moraes e Guizzetti (2016)

O grupo recebeu um tempo para anotar as suas respostas e, na sequência, tivemos a conversa transcrita a seguir:

> ***Pesquisadora:*** *Agora, vamos ver quais foram os sistemas que vocês lembraram. Podem começar.*
>
> ***Sofia:*** *Eu só coloquei o sistema cardiovascular, coordenação motora e nervoso.*
>
> ***Evy:*** *Sistema nervoso, cardiovascular, respiratório e muscular.*
>
> ***Maroca:*** *Sistema nervoso, esquelético, muscular e respiratório.*
>
> [...]
>
> ***Estudante visitante[14]:*** *Eu pensava que não era sistema, como é que ela falou lá? Muscular?*
>
> ***Pesquisadora:*** *Muscular? Também é sistema, vai atuar junto com o esquelético.*
>
> [...]
>
> ***Pesquisadora:*** *Então, vocês viram que variou um pouquinho. O sistema nervoso ou neurológico, todos colocaram. O muscular e o esquelético, associados ao movimento, porque eles estão correndo, certo? E o cardiovascular também apareceu bastante. Qual a conclusão que a gente pode chegar?*
>
> *[Silêncio]*

[14] Em alguns encontros, as participantes convidavam colegas das respectivas turmas para participarem dos encontros. Esses, estão identificados, no presente texto, como "estudante visitante".

> ***Pesquisadora:*** *Pensem um pouco. O que podemos concluir?*
>
> ***Estudante visitante:*** *É que se eles estão fazendo um movimento, todos esses que falaram estão ativos. Eles estão, tipo, basicamente, eles estão trabalhando. Eles estão fazendo a função deles.*
>
> ***Pesquisadora:*** *Exatamente e, para complementar, nós não temos sistemas específicos que a gente vai utilizar em uma situação como essa. A gente vai utilizar todos os sistemas. Essa atividade é pra gente começar a pensar. Qual a nossa tendência? A gente olha essa situação de movimento né? A gente pensa em coordenação motora, sistema muscular, esquelético, nervoso, estão todos certos. Mas, pensando no funcionamento do organismo, embora, a gente o separe em sistemas, para poder estudar melhor, todos eles estão funcionando em conjunto.*
>
> ***Estudante visitante:*** *Um puxa o outro, professora?*
>
> ***Pesquisadora:*** *A gente pode dizer que um puxa o outro. No caso, todos os sistemas funcionam em conjunto, se relacionam, pra gente exercer todas as nossas atividades. É assim que eu gostaria que a gente começasse a pensar, a partir de agora, no corpo humano como um sistema único* (*Bioficina* presencial, encontro 2).

Importa destacar que, nos primeiros encontros presenciais, Evy, Maroca e Sofia estavam tímidas e pareciam inseguras em se manifestar diante do grupo. No trecho acima, por exemplo, elas leram o que escreveram, mas não se manifestaram durante a conversa sobre a atividade. Assim, diante das respostas apresentadas, interpretamos que as participantes compreendiam o funcionamento dos sistemas do corpo humano de maneira isolada, sem uma compreensão mais profunda de como eles se relacionam entre si. Elas conheciam as funções e a organização de alguns sistemas, mas não compreendiam o conjunto de relações que ocorriam no organismo.

No terceiro encontro, realizamos uma atividade em que cada estudante, individualmente, deveria elaborar o seu modelo explicativo para responder à pergunta que direcionava as discussões das Bioficinas: "Como funciona o corpo humano?". Orientamos que buscassem elaborar suas próprias respostas, sem a preocupação de estarem iguais às explicações científicas que lemos nos livros, por exemplo. O importante, nessa atividade, era que elas elaborassem as respostas conforme seus próprios entendimentos do funcionamento do corpo humano.

No entanto, percebemos durante a atividade que as participantes estavam acessando a internet, via smartphone. Questionamos o motivo pelo qual estavam realizando a tarefa com a ajuda da internet, já que a solicitação foi para que respondessem de forma livre, com as informações que lembravam. Sofia respondeu que não gostaria que nenhum órgão ficasse de fora e não queria errar a localização dos órgãos. As demais concordaram, informando, em geral, que não queriam errar as respostas.

A partir do relato acima, inferimos que prevalecia, entre as aprendizes, uma tendência à reprodução ao realizar as atividades de Biologia. Elas apresentaram preocupação em não elaborar respostas que pudessem ser diferentes dos modelos disponíveis. As participantes tinham dificuldades para produzir e organizar suas próprias explicações, baseadas nos conhecimentos que já possuíam. O medo de errar, nesse caso, favorecia o processo de reprodução, considerado mais seguro no momento da realização da tarefa.

Passando para as explicações elaboradas pelas estudantes, Evy escreveu o resumo apresentado na figura a seguir.

Figura 2 – Produção de Evy no instrumento "Como funciona o corpo humano?"

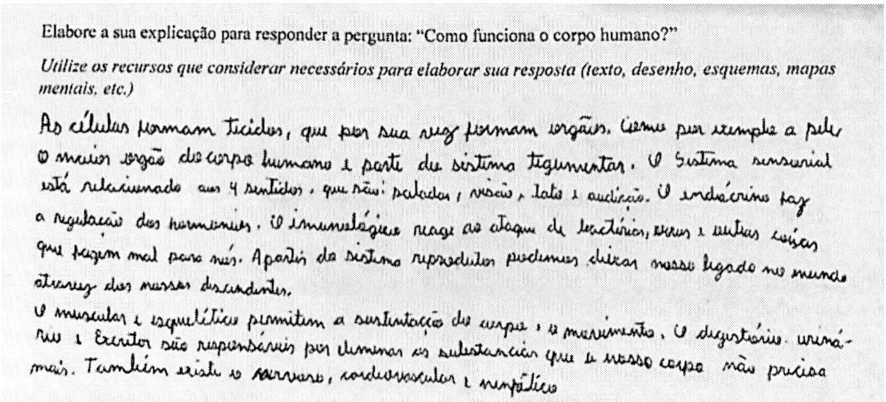

Elabore a sua explicação para responder a pergunta: "Como funciona o corpo humano?"

Utilize os recursos que considerar necessários para elaborar sua resposta (texto, desenho, esquemas, mapas mentais, etc.)

As células formam tecidos, que por sua vez formam órgãos. Como por exemplo a pele o maior órgão do corpo humano e parte do sistema tegumentar. O Sistema sensorial está relacionado aos 4 sentidos, que são: paladar, visão, tato e audição. O endócrino faz a regulação dos hormonios. O imunológico reage ao ataque de bactérias, vírus e outras coisas que fazem mal para nós. A partir do sistema reprodutor podemos deixar nosso legado no mundo através dos nossos descendentes.
O muscular e esquelético permitem a sustentação do corpo e o movimento. O digestório, urinário e Excretor são responsáveis por eliminar as substancias que o nosso corpo não precisa mais. Também existe o nervoso, cardiovascular e linfático

Fonte: acervo da pesquisa

Para elaborar sua resposta, Evy utilizou, além da pesquisa na internet, as anotações do próprio caderno, relacionadas às discussões do encontro anterior. Citou a maioria dos sistemas e se esforçou para escrever com as próprias palavras. Além da descrição dos sistemas, esperávamos, nessa tarefa, que elas comentassem a respeito do funcionamento do corpo humano como um todo, ou seja, da integração dos sistemas para que o corpo inteiro realizasse suas atividades. Identificamos que essa compreensão, mais complexa, ainda não fazia parte do entendimento de Evy acerca do funcionamento do corpo humano.

No momento da entrega da atividade, Maroca fez o seguinte comentário: "*Tentei fazer um desenho, mas não sei fazer*" (*Bioficina* presencial, encontro 3). A Figura 3 expõe a produção da estudante.

Figura 3 – Produção de Maroca no instrumento "Como funciona o corpo humano?"

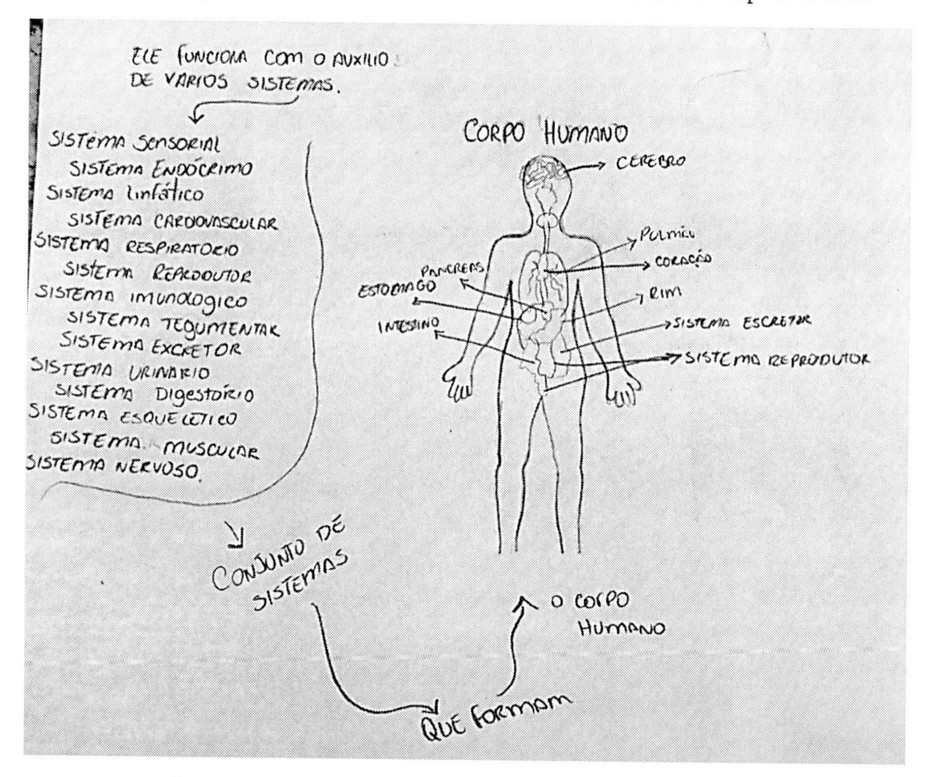

Fonte: acervo da pesquisa

Maroca listou os sistemas do organismo, que também pesquisou na internet. Contudo, organizou sua explicação em um mapa, evidenciando sua própria produção a partir das informações localizadas. Destaco a preocupação da estudante em responder à pergunta "Como funciona o corpo humano?", iniciando sua produção com a frase: "*Ele funciona com o auxílio de vários sistemas*". Em seu mapa, Maroca também buscou explicar que o conjunto de sistemas compõe o corpo humano.

Sofia optou por fazer um desenho, identificando os órgãos do organismo (Figura 4).

Figura 4 – Produção de Sofia no instrumento "Como funciona o corpo humano?"

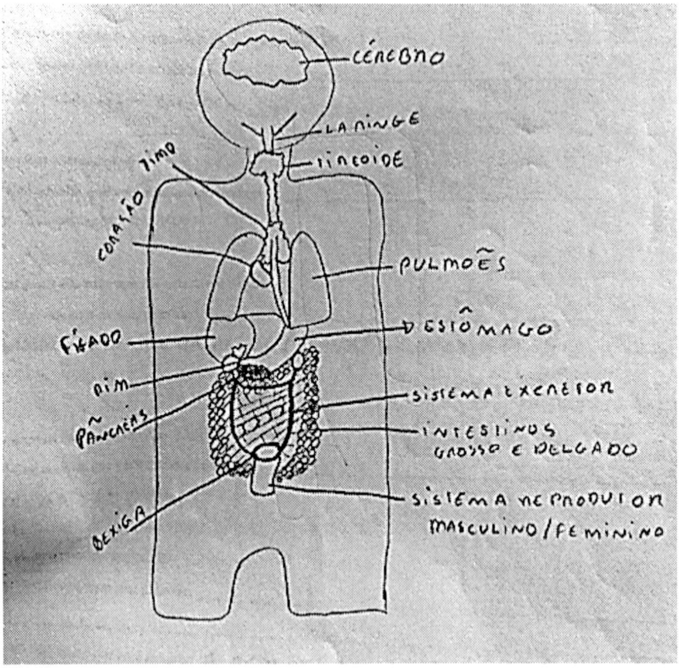

Fonte: acervo da pesquisa

Analisando a elaboração de Sofia, verificamos que, embora tenha desenhado o corpo humano e os órgãos, ela *não buscou organizar as ideias de forma a responder à questão que orientou a atividade. Ela identificou a localização de diversos órgãos do organismo humano, mas também não explicou como ocorrem as relações entre as estruturas para que o organismo funcione. Sofia utilizou informações da internet para elaborar sua resposta e comentou que, para elaborar o desenho, tomou como base uma imagem encontrada em sua pesquisa.*

No caso de Sofia, observamos, ainda, uma dificuldade quanto à realização de procedimentos para aprendizagem de Biologia. No exemplo acima, a estudante não conferiu significado às informações que obteve da internet, ou seja, não tentou fornecer uma explicação aos dados que inseriu no desenho que elaborou. Quando perguntamos sobre sua produção ela respondeu: "*Estão todos aí, professora. Os órgãos que formam o corpo humano. Coloquei todos aí, parecido com o esquema que encontrei aqui* [apontando para o smartphone]" (Sofia, Bioficina presencial, encontro 3).

Uma das estratégias de resolução de problemas esperadas dos estudantes do ensino médio, de acordo com Pozo e Gómez Crespo (2009), é a capacidade de "traduzir" a informação para suas próprias palavras, relacionando as novas informações com seus conhecimentos anteriores. No caso de Sofia, a dificuldade para executar esse procedimento ficou evidente, ressaltando a tendência *à* reprodução das respostas, considerando que, nesse momento, ela compreendia o corpo humano como um agrupamento de órgãos. Por isso, respondeu ao trabalho listando os nomes encontrados na pesquisa. Nos casos de Evy e Maroca, embora elas tenham pesquisado as informações na internet, ressaltamos que ocorreu um esforço maior na tentativa de construir suas próprias formas de responder à questão.

Tendo em vista as produções das três estudantes para responder à pergunta inicial, inferimos que elas apresentavam dificuldades para a construção de uma visão sistêmica do corpo humano. Essa compreensão sistêmica, de acordo com Pozo e Gomez Crespo (2009), significa interpretar os fenômenos "a partir do conjunto de relações complexas que fazem parte de um sistema" (p. 111). Nos termos do conhecimento científico da Biologia, entendemos que a visão sistêmica implica na compreensão dos fenômenos e dos processos realizados pelos organismos vivos (o funcionamento do corpo humano, por exemplo) e suas relações com o ambiente. Entretanto, esses fenômenos não deveriam ser concebidos como procedimentos isolados (digestão, circulação, respiração, coordenação motora etc.), mas como um conjunto de múltiplos processos e estruturas que compõem e, ao mesmo tempo, promovem o funcionamento do organismo.

No quarto encontro, as aprendizes trabalharam em duplas, com o objetivo de produzir um modelo em conjunto, a partir dos trabalhos realizados individualmente (encontro 3). A tarefa consistiu em analisar e contrastar os seus próprios modelos individuais e construir uma nova explicação para responder à questão "Como funciona o corpo humano?".

Evy e Sofia construíram seus modelos juntas. Maroca não participou nesse dia. A Figura 5 expõe a produção de Evy e Sofia.

Figura 5 – Produção de Evy e Sofia no instrumento "Como funciona o corpo humano?" (Parte 2)

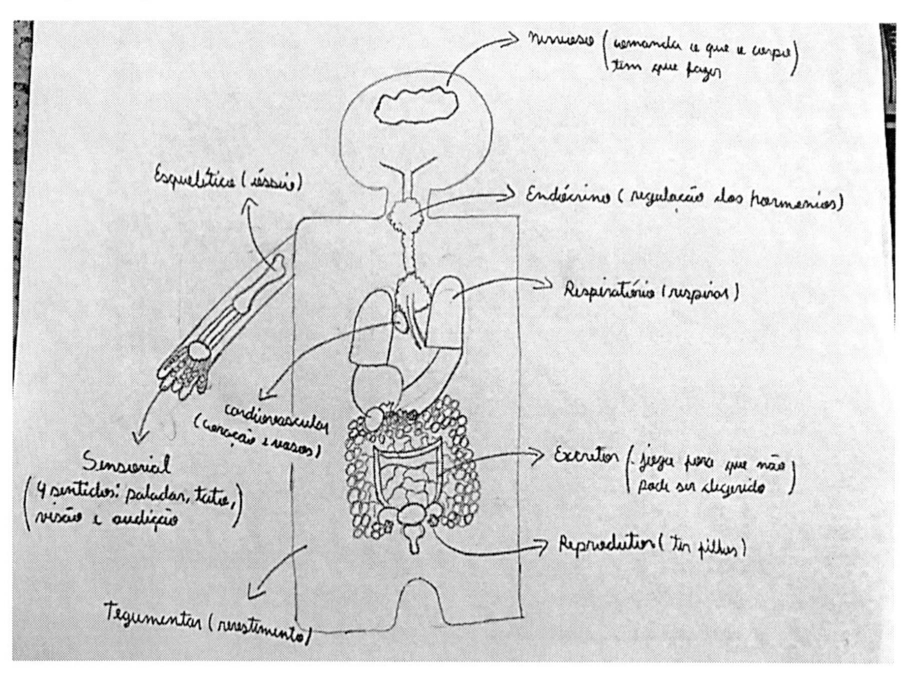

Fonte: acervo da pesquisa

Cada dupla apresentou sua produção para o grupo. Antes de iniciarem as explicações, pedimos que relatassem como o novo modelo foi elaborado. Segue a transcrição da apresentação de Evy e Sofia:

> ***Evy:*** *O dela era só os desenhos com os nomes dos órgãos e o meu eram os nomes dos sistemas e as explicações do que eles eram. Aí, a gente decidiu fazer o desenho de novo e colocar a explicação. Só que dessa vez, colocar os órgãos e de onde eles faziam parte e um pouco da função.*
> *Aqui tem nove sistemas, aí a gente colocou o cérebro, representando o sistema nervoso. Aí a gente colocou que comanda o que o corpo tem que fazer. Aqui, a tireoide, ela é do sistema endócrino, que é a regulação dos hormônios.*
> *Ela puxou um braço pra cá para colocar o sistema esquelético e o sensorial. A mão, que é o tato, aí, o paladar, o olfato, a audição.*

> *Tem o excretor aqui, que joga fora o que não serve para o organismo. O respiratório, para respirar. O reprodutor, que antes não tinha. Aí, colocamos o ovário aqui.*
>
> ***Sofia:*** *Antes era do homem. No meu, tinha do homem. Aí, aqui a gente colocou o da mulher, para colocar os ovários.*
>
> ***Evy:*** *Aí a pele, que é o tegumentar, que protege o nosso corpo. É o revestimento, né? Tem um coraçãozinho bem aqui, professora, quase não dá para ver. Aí tem o coração e os vasos cardíacos.*
>
> ***Sofia:*** *Esse mapa foi bom, ajuda a entender. Fica tudo claro na cabeça* (*Bioficina* presencial, encontro 4).

Evy e Sofia reuniram as informações de seus modelos individuais, complementando a nova explicação com os sistemas e órgãos que não estavam presentes nas elaborações anteriores. O trabalho com os dois modelos gerou um novo modelo aprimorado. Interessa enfatizar que Evy preferia explicações escritas e anotações para suas interpretações, enquanto Sofia tinha mais afinidade com desenhos e esquemas. Dessa forma, além dos conhecimentos, os modelos individuais refletiram as preferências de cada uma. Na construção em dupla, elas agregaram as duas formas de elaboração. Utilizaram o desenho de Sofia (no segundo momento, melhorado, com a inserção de novas estruturas), acrescentando os órgãos para representar os sistemas e suas funções gerais.

Em geral, nesta atividade, observamos que as estudantes puderam ampliar a compreensão em relação a algumas estruturas que compõem os sistemas do organismo humano, lembrar de processos e partes do organismo que já haviam estudado antes, assim como aprender a respeito de sistemas que, segundo elas, ainda não conheciam. A visão fragmentada acerca do funcionamento dos sistemas ainda persistia, conforme observamos durante a exposição do modelo. As participantes não mencionaram aspectos a respeito das relações existentes entre os sistemas.

No decorrer das nossas interações, observamos que Evy, Maroca e Sofia compreendiam alguns dados do corpo teórico da Biologia. Por exemplo, elas sabiam que todos os seres vivos, com exceção dos vírus, são formados por células, que é um dado essencial para o estudo da Biologia. Contudo, as estudantes apresentavam dificuldades para realizar conexões entre os conceitos relacionados a esse dado, ou seja, não compreendiam o conceito de *célula como uma unidade* funcional dos seres vivos, isto é, que as células compõem os organismos e *são* responsáveis, em conjunto (de forma sistêmica), por todo o funcionamento do corpo e que, inclusive, os vírus dependem de uma célula viva para realizarem suas atividades.

Durante o estudo sobre o sistema cardiovascular, notamos que as participantes sabiam que o coração é responsável pelo bombeamento do sangue e que é formado por células (dados). Contudo, elas apresentavam dificuldades para compreender que essas células possuem características específicas que atuam em conjunto para que o coração funcione. Além disso, ao ser bombeado, o sangue transporta nutrientes e oxigênio para as outras células do corpo e retira o gás carbônico, que é transportado para os pulmões. Esses exemplos reforçavam a ideia acerca da dificuldade das estudantes de interpretar os processos e fenômenos biológicos a partir da concepção de um sistema que funciona por meio de interações complexas.

A princípio, interpretamos que as dificuldades de aprendizagem de Biologia de Evy, Maroca e Sofia, em termos operacionais, estavam na compreensão simplista e fragmentada das estruturas e dos processos biológicos, obstaculizando o desenvolvimento de uma visão sistêmica acerca da interação dos fenômenos estudados no componente curricular. A partir das análises que realizamos, compreendemos que essas dificuldades estavam relacionadas com a organização das teorias implícitas das estudantes, considerando os princípios epistemológicos, ontológicos e conceituais do conhecimento. Dessa forma, apresentamos, na sequência, as nossas análises a respeito da caracterização de cada um desses princípios.

Os **princípios epistemológicos** correspondem às concepções acerca de como a relação entre conhecimento e realidade é concebida. Se o conhecimento produzido é objetivo e verdadeiro, ou se ainda poderá sê-lo com o desenvolvimento tecnológico (realismo ingênuo ou interpretativo, respectivamente), ou se o conhecimento é sempre um modelo provisório que gera certa inteligibilidade, podendo mudar (construtivismo). Reiteramos que se espera que os estudantes do ensino médio desenvolvam uma concepção construtivista do conhecimento, compreendendo-o como uma elaboração de modelos provisórios para explicar a realidade (Pozo e Gómez Crespo, 2009). Nessa direção, interpretamos que Evy, Maroca e Sofia se encontravam na categoria epistemológica do realismo ingênuo.

Durante as discussões dos encontros, observamos alguns momentos que evidenciaram a dificuldade das estudantes em compreender as representações da Biologia como modelos explicativos provisórios. Na discussão em sala, a respeito da circulação sanguínea, apresentamos a seguinte imagem por meio de um slide:

Figura 6 – Representação esquemática da circulação sanguínea no organismo humano, utilizada para ilustrar as explicações do tema sistema cardiovascular

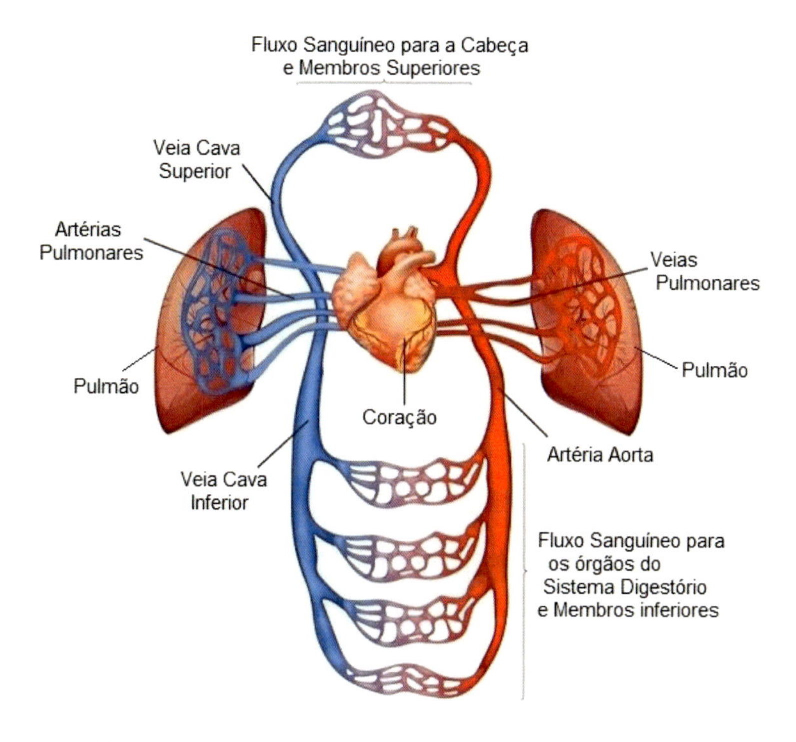

Fonte: Castilho, c2025[15]

Ao observar as imagens, Maroca fez alguns questionamentos:

> ***Pesquisadora:*** *Quando a gente inspira o oxigênio, ele vai para os nossos pulmões. Aqui representa os pulmões. Aí, esse oxigênio vai para o nosso sangue. Esse sangue, com oxigênio, é chamado de sangue arterial. Aí, esse sangue entra no coração e vai ser distribuído para todo nosso organismo.*
>
> ***Maroca:*** *Professora, porque que tem um que é vermelho e o outro que é azul? São esses dois?*

[15] Disponível em: Vasos sanguíneos: conheça seus tipos e suas características - Toda Matéria (todamateria.com.br). Acesso em: 29 jul. 2024.

> ***Pesquisadora:*** *Isso. O vermelho representa o arterial e azul, o venoso.*
>
> [...]
>
> ***Pesquisadora:*** *Sim, a Maroca perguntou da diferença das cores, então, o vermelho é o sangue arterial e o azul, o sangue venoso. O vermelho está sendo distribuído para o corpo...*
>
> ***Sofia:*** *Porque venoso, professora.*
>
> ***Pesquisadora:*** *Venoso é o que possui altas concentrações de gás carbônico. Ele vai levar esse gás carbônico para os pulmões. O gás carbônico, se ficar nas nossas células, é tóxico. O Sangue venoso circula, principalmente, pelas veias.*
> *E, aí, esse esquema, como eu falei pra vocês, ele é bem comum em livros didáticos e a gente utiliza como uma forma de representar a circulação.*
>
> ***Maroca:*** *Professora, tem essa separação, mesmo, tipo, um pulmão faz um e um pulmão faz outro? Ou não?*
>
> ***Pesquisadora:*** *Não, não, aqui ele está mostrando para facilitar o esquema mesmo e mostrando as veias e artérias por onde o venoso e o arterial circulam. Essa sua pergunta é muito boa, porque às vezes, a gente vê o esquema e pensa que o funcionamento é igual. O esquema é mais para questão didática. Para ajudar a entender. É um modelo* (Bioficinas presenciais, encontro 6).

A partir da análise das perguntas de Maroca sobre os esquemas mostrados, inferimos que a estudante, ao analisar as representações, imaginou que os processos reais em discussão (funcionamento do sistema cardiovascular) ocorriam exatamente da forma como estavam apresentados no esquema. No caso, o sangue venoso circulando por um lado do organismo (parte em azul) e o sangue arterial circulando pelo lado oposto (parte em vermelho).

Observamos dificuldades semelhantes nas demais participantes durante as observações das lâminas histológicas ao microscópio óptico. Segue um excerto da conversa, quando iniciamos esta atividade.

> ***Pesquisadora:*** *Vocês sabem como que a lâmina é produzida?*
>
> ***Sofia:*** *As lâminas que a gente vai ver?*
>
> ***Pesquisadora:*** *Sim. As lâminas estão aqui, mas tem todo um preparo antes da gente poder utilizar.*
>
> ***Sofia:*** *Eu não sei.*

Pesquisadora: *Olha, essa lâmina aqui, por exemplo, é do músculo cardíaco. Todas estão identificadas, tá.*

Evy: *Mas é só um negocinho.*

Pesquisadora: *Exatamente. Porque é um corte. A gente tem o coração, por exemplo, mas o corte que a gente vê aqui é um pedaço do músculo que é cortado. Nesse caso aqui, é o músculo cardíaco humano.*

Sofia: *Humano, professora?*

[Todas se admiram]

Raquel: É humano? Mas como?

Maroca: *Mataram alguém para fazer isso daí?*

Raquel: *Mas para tirar só um pedacinho?*

Pesquisadora: *Foi de um cadáver, sim.*

Sofia: *Coitado do defunto, professora.*

Maroca: *Mas, aí, professora, nesse caso, é inteiro?*

Pesquisadora: *Não, é um corte. Imagina o tamanho do coração...*

Sofia: *Se ele permitiu antes de morrer, tudo bem. Mas se ele não permitiu, eu não aceito, professora.*

Pesquisadora: *Tem duas possibilidades: pessoas que doam, antes de morrer. Doam as partes do corpo para pesquisa científica ou no caso de indigentes.*

Sofia: *Ai, eu não gosto dessa parte de usar o corpo dos outros.*

Pesquisadora: *Então, o que acontece. Imaginem o tamanho do coração. Para fazer o corte, pra gente conseguir visualizar ao microscópio, é utilizado um aparelho chamado micrótomo. A medida do corte é o micrômetro. O micrômetro é menor que o milímetro. Então, é feito um corte bem fino, quase transparente, para poder montar a lâmina. Aí, vocês conseguem ver que tá roxinho aqui?*
Essa cor roxa, não é a cor do coração. Não é a cor do tecido. É um corante.

Evy: *Pra dar pra ver melhor?*

Pesquisadora: *Isso, o corante ajuda a visualizar as partes das células. Quando vocês colocarem aí, vocês vão conseguir ver o núcleo, a membrana e outras estruturas em destaque* (*Bioficina* presencial, encontro 7).

A explicação do preparo das lâminas para visualização auxiliou na compreensão de alguns aspectos relacionados aos procedimentos realizados para a produção do conhecimento em Biologia, como no estudo de estruturas celulares e histológicas. Embora as participantes já tivessem visualizado lâminas de partes vegetais em outras aulas, não lembravam como essas eram produzidas e não sabiam a função da utilização dos corantes. Além disso, esperavam visualizar, ao microscópio, as células e todos os seus elementos, assim como observavam nos esquemas apresentados no livro didático e nas outras ilustrações utilizadas nas explicações. Novamente, a ideia de que as representações eram um retrato fiel do que existe.

Para exemplificar as ideias apresentadas anteriomente, segue outro trecho de uma discussão ocorrida no mesmo encontro.

> ***Sofia:*** *Por que que ele é roxo?*
>
> ***Professora:*** *O que?*
>
> ***Sofia:*** *O corte do músculo.*
>
> ***Pesquisadora:*** *Por causa do corante. Ele não é roxo.*
>
> ***Sofia:*** *Não? Ele não tem cor?*
>
> ***Pesquisadora:*** *A coloração que aparece, é do corante que é usado para destacar as estruturas.*
>
> ***Sofia:*** *Tem célula aqui, professora?*
>
> ***Pesquisadora:*** *Tem. Eu estou vendo um monte de células aí. Olha, cada pontinho roxo que tem dentro, é o núcleo de uma célula.*
>
> ***Sofia:*** *Mas eu queria ver uma célula, pra ver como é a célula.*
>
> *[....]*
>
> ***Sofia:*** *Eu gosto só das rosinhas.*
>
> ***Evy:*** *Mas tu tens uma roxa aí.*
>
> ***Sofia:*** *O roxo era o corte do músculo. Que, na minha cabeça, eu pensava que era roxo também. Mas não é.*
>
> ***Pesquisadora:*** *Não é roxo. Sempre a coloração que vai aparecer, não é a coloração do tecido.*
>
> ***Sofia:*** *Eles estão enganando a gente, então?*
>
> ***Pesquisadora:*** *Não.*

> ***Evy:*** *Então, o coração não é rosa também?*
>
> ***Alice:*** É para ajudar a enxergar.
>
> ***Evy:*** *Mas eu pensei que era rosa.*
>
> ***Pesquisadora:*** *Se a gente colocar um pedaço direto na lâmina. Lembrem que é um pedaço muito pequeno. Se fizer uma lâmina e colocar direto, a gente não consegue ver. Fica transparente. Por isso, o corante. Ele vai destacar as estruturas* (*Bioficina* presencial, encontro 7).

Numa perspectiva de superação do realismo ingênuo, avançando para a concepção construtivista, espera-se que os estudantes compreendam as teorias científicas como modelos para interpretar a realidade. As formas como descrevemos e explicamos as estruturas e os processos biológicos não deveriam ser entendidas como cópias fiéis do funcionamento da vida e do ambiente. Evy, Maroca e Sofia, no entanto, esperavam localizar (enxergar) o conhecimento científico no mundo real e não concebiam a Biologia como um conhecimento construído para elucidar as questões ou gerar inteligibilidade a respeito dos seres vivos e suas relações entre si e com o ambiente.

Os **princípios ontológicos** estão relacionados ao modo como os estudantes interpretam o mundo (as coisas em geral e, no caso da Biologia, as células, os tecidos, órgãos, processos fisiológicos etc.). A ontologia se refere às categorias e conceitos científicos utilizados para explicar um determinado objeto. Nos casos de Evy, Maroca e Sofia, interpretamos que essa compreens*ão se encontrava na categoria ontológica de estados. Isso significa que as estudantes concebiam a realidade a partir de uma natureza ontológica objetiva, atribuindo propriedades materiais às coisas existentes no mundo, considerando-as desconectadas entre si e fora de um sistema de relações.*

Evidenciamos as diferenças ontológicas entre a teoria científica e a teoria mantida pelas estudantes, em alguns momentos dos nossos encontros, conforme o trecho transcrito a seguir.

> ***Pesquisadora:*** *Quem sabe quais são os vasos sanguíneos do nosso corpo?*
>
> ***Sofia:*** *Não faço ideia.*
>
> ***Pesquisadora:*** *Quando a gente vai tirar sangue, fazer exame de sangue...*
>
> ***Sofia:*** *A veia. Ah, a veia!*

> [...]
>
> **Sofia:** *Mas o que é uma artéria professora?*
>
> **Pesquisadora:** *Também é um vaso sanguíneo.*
>
> **Sofia:** *Igual as veias?*
>
> **Pesquisadora:** *Sim, mas tem algumas diferenças.*
>
> **Sofia:** *Então, por que não chamam tudo de veia?*
>
> **Pesquisadora:** *As artérias são tubos mais espessos, mais largos e levam o sangue do coração para o corpo, para os tecidos. As veias levam dos tecidos para o coração* (*Bioficina* presencial, encontro 6).

As indagações de Sofia, durante a explicação sobre o sistema cardiovascular, destacaram as dificuldades da aprendiz para categorizar as estruturas em uma classe, considerando que existem atributos comuns que, abstraídos, permitem colocá-las em um mesmo grupo (ex. vasos sanguíneos, porque transportam o sangue). Contudo, existem características que as diferenciam, por isso recebem nomenclaturas distintas (artérias, veias e capilares). Observamos essas dificuldades também nas demais participantes da pesquisa. Os conceitos organizam-se hierarquicamente (vaso é mais geral / inclui tanto veia como artéria), e essa era a organização que faltava para as estudantes, naquele momento, além da diferenciação (saber o que é uma artéria, saber como se diferencia de uma veia).

De início, as aprendizes compreendiam que o sangue circulava pelas veias, contudo, acreditavam que essa circulação ocorria apenas nesse vaso sanguíneo. Esse entendimento compunha a teoria implícita delas, nos termos da hipótese da integração hierárquica de Pozo e Gómez Crespo (2009). As participantes não conheciam (ou não lembravam) os outros dois tipos de estruturas, também responsáveis pelo transporte do sangue no organismo.

Elas ainda não compreendiam que os vasos sanguíneos, embora apresentassem funções e estruturas semelhantes, recebiam nomenclaturas distintas *Então porque não chamam tudo de veia?*, Sofia questionou durante a explanação do assunto. "Veia" era o termo mais conhecido (quando precisamos fazer exames de sangue, por exemplo, localizam-se as nossas veias para retirada do material). É um termo que utilizamos no cotidiano. Já os conceitos de "artéria" e "capilar", assim como a expressão "vasos sanguíneos", eram novos e se encontravam desorganizados hierarquicamente na teoria implícita das estudantes.

Com a apresentação das novas informações (que existem outros tipos de vasos; que o sangue circula por todos eles, carregando oxigênio, principalmente pelas artérias e gás carbônio, principalmente pelas veias; que esses vasos estão interligados com os pulmões e com o coração, entre outras partes do corpo), esperava-se que as estudantes ampliassem suas estruturas conceituais acerca dos sistemas cardiovascular e respiratório, compreendendo as relações estabelecidas entre eles para o funcionamento do corpo humano.

Ainda sobre a temática dos vasos sanguíneos, durante a atividade de observação das lâminas, Maroca visualizou o corte de uma artéria (Figura 7), enquanto Sofia observou o corte de uma veia (Figura 8):

Figura 7 – Corte transversal de artéria, semelhante ao que as estudantes visualizaram

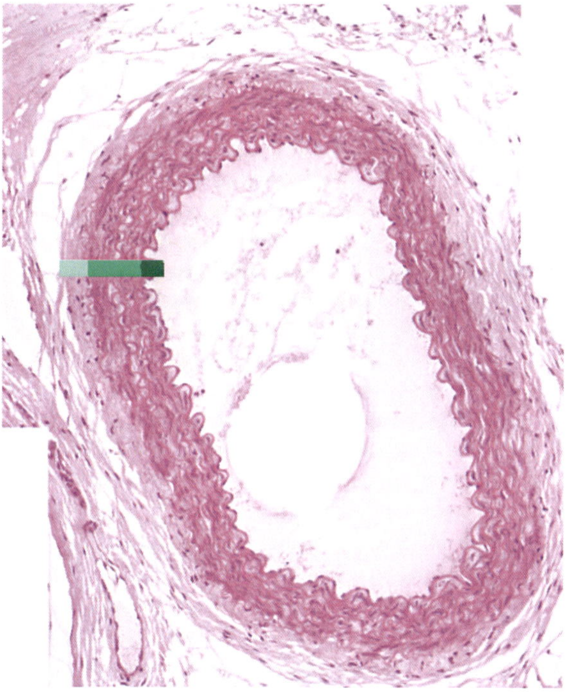

Fonte: MOL (2023)[16]

[16] Disponível em: Histologia. O início - Histologia (usp.br). Acesso em: 29 jul. 2024.

Figura 8 – Corte transversal de veia, visualizado pelas estudantes, durante a atividade

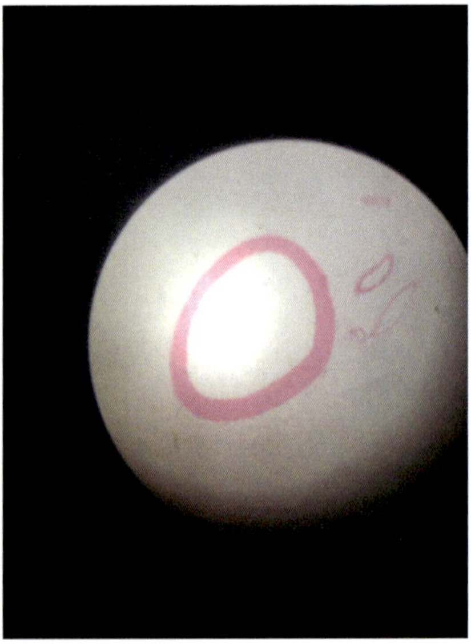

Fonte: acervo da pesquisa

Na discussão sobre as lâminas em observação, falamos o seguinte:

> **Maroca:** *Eu achei, professora!*
>
> **Pesquisadora:** *Conseguiu? Vamos ver. O que é isso?*
>
> **Maroca:** É uma artéria, mas eu não estou entendendo direito. Tem um buraco no meio.
>
> **Pesquisadora:** *Então, lembra que artéria é uma espécie de tubo? Aqui, foi cortado um pedaço dela, assim [indicando o corte transversal].*
>
> **Maroca:** *No meio dela?*
>
> **Pesquisadora:** *Isso. Essas partes ao redor são as células. Dá para ver as membranas e os pontinhos são os núcleos em destaque. O espaço em branco no meio é por onde passa o sangue. A parede interna da artéria. Olha lá.*
>
> **Maroca:** *Eu não consigo achar nada nas células.*
>
> **Pesquisadora:** É porque a coloração destaca algumas estruturas. Aqui, a gente não consegue ver as organelas, por exemplo.
>
> **Maroca:** *Achei, professora, o núcleo.*

> ***Pesquisadora:*** *Deixa eu ver. Isso, é o núcleo.*
>
> ***Maroca:*** *Está no meio da célula.*
>
> [...]
>
> ***Sofia:*** É uma veia essa. Consegui, professora. Olha.
>
> ***Evy:*** *Olha, é redondinha.*
>
> ***Sofia:*** *Porque é uma veia [Explicou para colega porque a imagem era redonda. Ainda não tinha observado lâmina de veia].*
>
> ***Maroca:*** *Qual é essa?*
>
> ***Sofia:*** É uma veia.
>
> *[Maroca olha no microscópio que Sofia estava manipulando]*
>
> ***Maroca:*** *Hum, a minha é igualzinha. Só que é uma artéria.*
>
> ***Pesquisadora:*** *E agora? Porque são iguais?*
>
> ***Sofia:*** *Ah, não sei, professora.*
>
> ***Pesquisadora:*** *Todo mundo olhou essa aqui? [Solicitei que visualizassem as duas lâminas, artéria e veia, para comparação] Vocês lembram que a veia é como se fosse um tubo, por onde passa o sangue.*
>
> ***Sofia:*** *Aí, cortaram assim, né, professora? [Fazendo o gesto o corte transversal].*
>
> ***Pesquisadora:*** *Isso. Aí a gente consegue ver a parede da veia e o espaço por onde passa o sangue. E elas realmente são parecidas, porque, apesar de serem vasos diferentes, são formadas pelo mesmo tipo de tecido. O mesmo tipo de células. Se olharem de novo, tentando encontrar as diferenças, vão perceber que a parede da artéria é mais espessa, mais larga. Vamos lá, olhem novamente.* (*Bioficina* presencial, encontro 7).

Interessa destacar que, por se tratar de vasos sanguíneos diferentes (com nomenclaturas distintas), as estudantes esperavam observar, ao microscópio, estruturas sem nenhuma semelhança entre si. Elas não consideraram o fato de o organismo ser constituído de células e, portanto, que os vasos sanguíneos, em geral, são formados pelos mesmos tipos de tecidos, variando, principalmente, na organização desses tecidos e na espessura da parede de cada vaso. A partir dessas ideias, consideramos que as estudantes apresentavam dificuldades de abstração (isolar atributos comuns a uma classe) para generalizar conceitos que permitissem diferenciar estruturas e processos.

Esta dificuldade se intensifica, entre os estudantes do ensino médio, quando o processo de ensino é exclusivamente verbal. A atividade de visualização das estruturas ao microscópio oportunizou a aprendizagem, uma vez que as discentes puderam confirmar, pelas imagens das lâminas, algumas diferenças e semelhanças existentes entre veias e artérias. Durante a observação, também foi possível retomar a discussão, evidenciando as diferenças quanto às funções de cada um dos tipos de vasos sanguíneos, o que também é considerado para a sua classificação.

Neste encontro, as estudantes observaram outras lâminas e mantivemos o debate, buscando compreender as estruturas que analisavam e suas relações com o sistema cardiovascular. No excerto transcrito a seguir, Maroca localizou a lâmina do corte de um capilar sanguíneo.

> ***Maroca:*** *Professora, e essa do capilar também é a mesma coisa da artéria?*
>
> ***Pesquisadora:*** *Lembra que são todos vasos sanguíneos. Presta atenção na parede do vaso. O capilar é mais fino. Mas o tecido, basicamente, é o mesmo para todos. O tecido, as células que formam os vasos sanguíneos são parecidos.*
>
> ***Maroca:*** *Deixa eu ver a veia. Ela é grossa?* (*Bioficina* presencial, encontro 7).

Importa enfatizar que a estudante percebeu que se tratava de um outro vaso e que, mesmo apresentando algumas semelhanças com as lâminas visualizadas anteriormente (veia e artéria), provavelmente seguiria a mesma linha de raciocínio. Isto é, as imagens são parecidas, no entanto, correspondem a estruturas distintas. Por isso, ela perguntou: *Professora, e essa do capilar também é a mesma coisa da artéria?*. Após a explicação sobrea diferença entre os capilares e as artérias, a estudante imediatamente procurou a lâmina da veia para estabelecer comparações entre as estruturas e buscar compreender melhor as suas diferenças.

Ressaltamos, nesse contexto, a importância do processo de interpretação das imagens. Ao observar uma estrutura ao microscópio, é necessário que o estudante tenha o suporte teórico necessário para, ao realizar os processos imaginativos, interpretá-la, sendo capaz de estabelecer as conexões adequadas entre o que vê e o conhecimento científico em estudo. No caso de Evy, Maroca e Sofia, a orientação, o debate e a possibilidade de ir e vir, comparando as lâminas, auxiliaram na compreensão gradativa do tema que estudávamos.

Outra dificuldade identificada foi quanto aos níveis microscópico e macroscópico dos seres vivos. As estudantes confundiam algumas estruturas biológicas nesses dois níveis, assim como atribuíam características macroscópicas a estruturas e processos microscópicos. Seguem alguns exemplos.

> ***Maroca:*** *Terminei, professora. Agora, vou ver a célula do ovário.*
>
> ***Pesquisadora:*** *Tá bem. Lembra que é um corte do tecido que forma o ovário.*
>
> ***Maroca:*** *Professora, o ovário não tem núcleo, né?*
>
> ***Pesquisadora:*** *Tem. As células do ovário têm* núcleo.
>
> ***Maroca:*** É isso aqui que parece uma flor?
>
> ***Pesquisadora:*** *Uma flor? Deixa eu ver.*
> *Não. Calma. Lembra. O ovário é um órgão. O óvulo que é a célula. Aqui, a gente está vendo um corte do ovário. Do tecido que forma o ovário. Aqui, são várias células. Cada pontinho é o núcleo da célula.*
>
> ***Maroca:*** *Ah, é mesmo. E a flor?*
>
> ***Pesquisadora:*** *Essa estrutura que parece uma flor é o folículo. É a estrutura que armazena o óvulo no ovário e o libera, após o amadurecimento, a cada ciclo. O óvulo vai sair dessa região* (*Bioficina* presencial, encontro 7).

Os estudos da Biologia ocorrem em níveis de organização: as moléculas, as células, os tecidos, os órgãos, os sistemas, os organismos, as populações, as comunidades, os ecossistemas e a biosfera[17] (Sadava, *et al.*, 2009). Quando falamos ou pensamos no corpo humano, em nosso cotidiano, "enxergamos" principalmente os níveis macroscópicos dessa organização (órgãos, sistemas e o próprio organismo). O mesmo acontecia com Evy, Maroca e Sofia. Em razão disso, elas enfrentavam dificuldades para compreender as relações entre o nível macro e o nível microscópico e diferenciá-los quando se tratava da composição e do funcionamento do corpo.

[17] As moléculas são compostas de átomos. As células são constituídas de moléculas. As células, de muitos tipos, são componentes necessários para o funcionamento dos organismos vivos. Um tecido é um grupo de muitas células com funções semelhantes e coordenadas. Os órgãos combinam diversos tecidos que funcionam juntos. Os órgãos formam os sistemas, como o sistema nervoso. Um organismo é um indivíduo reconhecido em si mesmo. Um organismo multicelular é constituído por órgãos e sistemas de órgãos. Uma população é um grupo de organismos da mesma espécie. As comunidades consistem em populações de muitas espécies diferentes. As comunidades biológicas, na mesma localização geográfica, formam os ecossistemas. Os ecossistemas trocam energia e criam a biosfera da Terra (SADAVA, *et al.*, 2009, p. 8).

No trecho da conversa apresentado anteriormente, Maroca confundiu o ovário (órgão reprodutor feminino) com o óvulo (célula reprodutiva feminina, que fica armazenada no ovário). A imagem observada pela estudante foi a que está exposta na Figura 9.

Figura 9 – Corte do tecido ovariano, observado por Maroca ao microscópio, indicando a estrutura que ela comparou com uma flor (folículo)

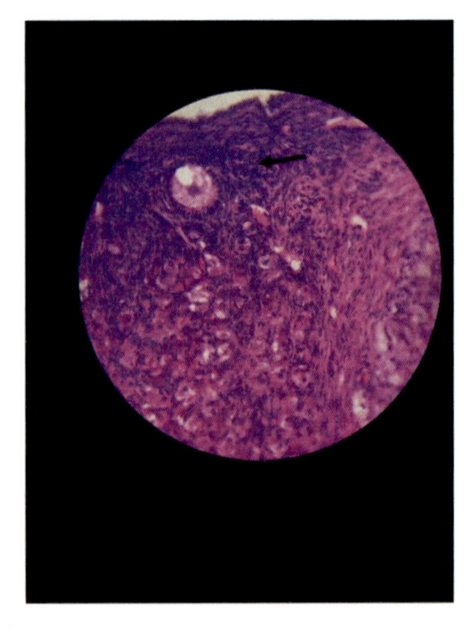

Fonte: acervo da pesquisa

Antes de visualizar a lâmina, a aprendiz esperava observar um óvulo, conforme as representações didáticas que utilizamos nos livros. Na verdade, conforme explicado, ela estava visualizando um corte do tecido que forma o ovário. Sabemos que a observação de cortes histológicos, ao microscópio, corresponde às próprias estruturas em estudo. No entanto, as imagens observadas apresentam algumas limitações, principalmente devido a coloração utilizada para destacar às partes em observação e ao fato de serem materiais estáticos, pois se tratam de matéria morta. Essas limitações ainda não estavam muito evidentes para as participantes, por isso elas tinham dificuldades para interpretar o que observavam. Além disso, ainda não apresentavam uma compreensão bem definida das diferenças e relações entre células, tecidos e órgãos, nem o entendimento de que, em nível microscópico, as estruturas são diferentes daquelas do nível macroscópico.

Em linhas gerais, as aprendizes não tinham uma compreensão prévia que lhes permitisse interpretar as imagens percebidas ao microscópio. No entanto, entendemos que a percepção das imagens ao microscópio foi necessária para elas irem formando tal compreensão do organismo. No início, elas esperavam "enxergar" no microscópico atributos e propriedades do macroscópico, o nível com o qual estavam mais familiarizadas. A seguir, um trecho do encontro 7 para exemplificar as ideias apresentadas.

> *[Visualizando uma lâmina de esfregaço de sangue]*
>
> ***Sofia:*** *Tem uns negocinhos roxos aqui. Uns pontinhos roxos.*
>
> ***Pesquisadora:*** *Estás vendo as bolinhas rosas?*
>
> ***Sofia:*** *Eu estou vendo tudo rosa aqui. E, olhe, tem um roxo assim.*
>
> ***Pesquisadora:*** *Olha, as bolinhas rosas* são as hemácias. Lembra que o sangue tem as hemácias. Os pontinhos roxos são os núcleos dos leucócitos. Se você olhar bem, tem a membrana rosa bem clarinha.
>
> ***Sofia:*** *Leucócitos. O que são leucócitos mesmo, professora?*
>
> ***Pesquisadora:*** *São as células de defesa do nosso organismo. Ficam no sangue. Os glóbulos brancos.*
>
> ***Sofia:*** *Eu coloquei mais perto, professora. Dá para ver melhor, as células.*
>
> *[Maroca visualiza a mesma lâmina de esfregaço do sangue]*
>
> ***Maroca:*** *São essas bolinhas vermelhas que são o sangue?*
>
> ***Pesquisadora:*** *Não, é tudo. É o conjunto. Lembra que o sangue é formado por vários componentes, o plasma, as hemácias, os leucócitos e as plaquetas?* (*Bioficina* presencial, encontro 7).

Maroca, ao visualizar o esfregaço de sangue, prendeu sua atenção nas *bolinhas vermelhas*. Se o sangue (macroscópico) é vermelho, logo, na lâmina, o sangue (estruturas microscópicas) seria apenas as partes vermelhas. Nesse exemplo, a estudante interpretou o microscópico a partir das propriedades do macroscópico (o sangue vermelho, como o vemos). As *bolinhas vermelhas* eram as hemácias, um dos tipos de células que compõem o sangue. A observação de Maroca também chamou a atenção para uma visão isolada das estruturas. Havia hemácias e leucócitos em destaque na lâmina, contudo, ela não compreendia que o sangue era todo o "sistema" que estava visualizando.

Em síntese, as dificuldades das estudantes no nível ontológico eram de conceber o objeto de estudo da Biologia, especialmente quanto aos seus aspectos microscópicos, assim como as categorias usadas para descrevê-lo e a organização hierárquica dessas categorias.

Os **princípios conceituais** equivalem ao modo como os conceitos estão estruturados, tanto nas teorias implícitas, quanto nas teorias científicas. No caso das teorias implícitas, essa estruturação conceitual é muito simples e restrita, enquanto as teorias científicas apresentam um esquema conceitual muito mais complexo (Pozo E Gómez Crespo, 2009). As três estudantes participantes da pesquisa apresentavam algumas restrições estruturais em suas teorias implícitas.

Evy, Maroca e Sofia compreendiam os processos e fenômenos biológicos no nível de dados. Interpretavam o conhecimento estudado considerando as características e as mudanças perceptíveis, sem estabelecer uma relação conceitual teórica entre as informações recebidas. Elas conheciam diversos dados relacionados ao conteúdo da Biologia, além de conseguir explicar/descrever alguns conceitos de forma isolada. Contudo, tinham dificuldades para interpretar os dados dentro de um sistema de relações de interação. Evy, por exemplo, em uma das nossas dinâmicas conversacionais, ao comparar os estudos do ensino fundamental com o ensino médio, usou a expressão *agora mistura tudo*, referindo-se às estruturas biológicas que estava estudando no 1º ano (célula, DNA e substâncias químicas). Na sequência, alguns exemplos que ilustram essas interpretações.

> **Pesquisadora:** *E quando o sangue passa nesses tecidos, ele está entregando o oxigênio para essas células e pegando o quê?*
>
> *[Silêncio]*
>
> **Pesquisadora:** *Gás carbônico. São as trocas gasosas. Então, essa troca gasosa não é só no pulmão que acontece. Aí, de novo, Citologia. Pra que serve o oxigênio no nosso corpo?*
>
> **Evy:** *Respirar.*
>
> **Pesquisadora:** *Respirar. Ok. E depois? Quando ele chega na célula, o que vai acontecer?*
>
> **Sofia:** *O oxigênio? Ai meu Deus!*
>
> **Pesquisadora:** *Produzir energia, gente.*
>
> **Sofia:** *Pela mitocôndria?*

> ***Pesquisadora:*** *Sim. Oxigênio e glicose fazem parte da reação química que ocorre nas mitocôndrias para célula produzir energia. O processo de respiração celular. Então, resumindo, o oxigênio entra pelas narinas, vai para o sangue, o sangue entra no coração e bombeia o sangue para os órgãos, tecidos e células* (*Bioficina* presencial, encontro 6).

Na análise das respostas de Evy e Sofia, notei a permanência da compreensão isolada dos fatos ou dados do corpo teórico da Biologia (o oxigênio serve para respirar; a mitocôndria produz energia nas células). As informações estavam corretas, entretanto, não eram interpretadas no nível dos processos ou interações sistêmicas do organismo. No caso desse exemplo, o oxigênio é inspirado pelas narinas, segue para os pulmões, depois para o sangue, e deve ser distribuído a todas as células para produção de energia. Essa produção energética ocorre nas mitocôndrias, mas depende do oxigênio que entra no organismo por meio da respiração. As estudantes apresentavam dificuldades para compreender as relações entre esses dois níveis (macro e microscópico) no funcionamento do corpo humano. O excerto a seguir exemplifica essas discussões.

> ***Pesquisadora:*** *Então, a gente está falando sobre o sistema cardiovascular. O que o pulmão tem a ver com o sistema cardiovascular? Quem lembra.*
>
> ***Evy:*** *O coração bombeia sangue para o pulmão?*
>
> ***Pesquisadora:*** *Isso. O que mais? Qual a importância desse sangue?*
>
> ***Evy:*** *Pra gente respirar.*
>
> ***Pesquisadora:*** *Respirar? Por aí. A gente respira e qual a relação entre eles?*
>
> ***Raquel:*** *O oxigênio fica no sangue.*
>
> ***Pesquisadora:*** *Sim, o oxigênio fica no sangue e aí?*
>
> ***Alice:*** *O oxigênio vai para cabeça?*
>
> ***Sofia:*** *Tem o átrio, tem o sangue. Mas o oxigênio não fica no pulmão? [Falando em voz baixa com Evy]. Espera aí, eu estou confusa, professora.*
>
> ***Pesquisadora:*** *O oxigênio precisa ir para todas as partes do corpo. Uma das coisas principais, é essa: o oxigênio chegar a todas as partes do corpo.*
> *Ai, a Sofia falou assim: Mas não fica no pulmão?*

> *Quando a gente respira, vai primeiro para o pulmão. Aí, no pulmão, vai passar para o sangue. Vai acontecer aquela troca gasosa.*
>
> ***Sofia:*** *Ah, lembrei.*
>
> ***Pesquisadora:*** *Depois, vai do pulmão para o coração pra poder ir para o restante do corpo. E quando o sangue vai para os órgãos e para os tecidos. O que acontece?*
>
> ***Sofia:*** *O sangue?*
>
> ***Pesquisadora:*** *O que ele faz com o oxigênio.*
>
> ***Raquel:*** *Ele transforma no...*
>
> ***Maroca:*** *Energia!*
>
> ***Pesquisadora:*** *Energia. E aí?* [...] (*Bioficina* presencial, encontro 7).

Na conversa, foi possível notar que as aprendizes ainda apresentavam dificuldades para compreender o funcionamento dos sistemas cardiovascular e respiratório em uma rede de interações complexas, que promove, entre outras ações, a produção de energia para o organismo. Elas interpretavam os processos em estudo por meio de uma compreensão de causalidade linear. No entanto, também verificamos que elas se esforçavam para responder às indagações referentes aos temas discutidos.

No exercício de lembrar e explicitar o que sabiam e o que tinham dificuldade para entender, interpretamos que elas desenvolviam processos metacognitivos. Um exemplo desses processos, no trecho destacado, é quando Sofia analisa, em voz baixa, com a colega Evy, as informações que possuía: *Tem o átrio, tem o sangue. Mas o oxigênio não fica no pulmão?* [...]. Na sequência, ela afirma: *Espera aí, eu estou confusa, professora.* Desse modo, a estudante estava tentando relacionar as informações que possuía com a explicação que estava sendo apresentada. O metacognitivo manifestava-se no fato de ela reconhecer que não estava compreendendo, ou seja, ela estava monitorando e refletindo sobre seu próprio processo de aprendizagem.

No sexto encontro, distribuímos às participantes temas a respeito de patologias cardiovasculares. Fornecemos um material de apoio para que estudassem sobre os seus temas e os explicassem no encontro seguinte. Elas também poderiam utilizar outras fontes de pesquisa. Segue a transcrição de um trecho da conversa ocorrida após a apresentação da Maroca, que explicou sobre a trombose.

> **Maroca:** *Mas, professora, porque o meu acontece nas pernas? [Falando do tema da trombose que tinha apresentado antes].*
>
> **Pesquisadora:** *Como? Não entendi.*
>
> **Maroca:** *O meu acontece nas pernas. O que tem a ver com o coração?*
>
> **Pesquisadora:** *Mas tem tudo a ver com o coração.*
>
> **Sofia:** *Mas porque, professora?*
>
> **Pesquisadora:** *O sangue e os vasos sanguíneos fazem parte do sistema cardiovascular. Certo? Então, a trombose é considerada uma doença, uma patologia cardiovascular. Os sintomas ocorrem, principalmente nos membros inferiores e nos pulmões, quando ocorre a embolia. Mas lembrem que quem bombeia o sangue é o coração. Também podem ocorrer coágulos que interferem no funcionamento do coração e tem relação com a próxima explicação. Olha só como está tudo interligado. Vamos ouvir a Alice* (*Bioficina* presencial, encontro 7).

A partir do exemplo acima, interpretamos que a estudante permanecia com dificuldades para estabelecer relações mais complexas quanto aos conceitos estudados. Mesmo estudando para explicar o tema, ela ainda apresentava dificuldades para compreender os processos de interação entre os vasos sanguíneos e o coração. Como a trombose ocorre principalmente nos membros inferiores, Maroca entendia que, por ser distante do coração, não poderia ter relação com o sistema cardiovascular.

Diante das análises apresentadas, interpretamos que Evy, Maroca e Sofia apresentavam, em suas teorias implícitas, incompatibilidades com a teoria científica da Biologia quanto aos princípios epistemológicos, ontológicos e conceituais. Isso prejudicava a aprendizagem de Biologia, resultando em dificuldades como: conceber a Biologia como um modelo teórico provisório que busca explicar o funcionamento dos seres vivos na Terra; contextualizar, generalizar e interpretar o conhecimento estudado; compreender a organização sistêmica e hierárquica dos conceitos científicos.

O Quadro 1, a seguir, expõe a síntese das principais dificuldades caracterizadas nas estudantes quanto aos princípios epistemológicos, ontológicos e conceituais, bem como as principais práticas educativas realizadas nas Bioficinas, com o objetivo de favorecer a superação dessas dificuldades.

Quadro 1 – Síntese das dificuldades de aprendizagem de Biologia de Evy, Maroca e Sofia, quanto aos princípios epistemológicos, ontológicos e conceituais e das práticas educativas realizadas

PRINCÍPIOS	DIFICULDADES DE APRENDIZAGEM DE BIOLOGIA CARACTERIZADAS	PRÁTICAS EDUCATIVAS REALIZADAS
Epistemológico	- Acreditar que os modelos explicativos representam fielmente a realidade, em lugar de serem formas de gerar uma compreensão sobre ela – realismo ingênuo; - Dificuldade de compreender modelos diferentes daqueles da sua teoria implícita.	- Oportunidades de contrastar modelos e compreender que eles representam parcialmente a realidade e podem ser aperfeiçoados; - Oportunidades de explicitar sua compreensão sobre o conhecimento (teoria implícita) e, gradativamente, aproximar-se e passar a utilizar os conceitos científicos; - Oportunidades de desenvolver recursos metacognitivos e refletir sobre seus próprios processos de conhecimento diferenciando-os de outros.
Ontológico	- Dificuldades de abstrair os conceitos para generalizar e diferenciar estruturas, funções, processos, sistemas e sistemas de sistemas; - Dificuldades de compreender as categorias e suas relações hierárquicas; - Atribuir, ao nível microscópico, características do nível macroscópico.	- Oportunidades de formar novos conceitos para estruturas, funções, processos, sistemas e sistemas de sistemas; - Oportunidades de compreender a especificidade do microscópico e comparar com estruturas do nível macroscópico.
Conceitual	- Compreensão dos conceitos no nível dos fatos e dados isolados; - Dificuldades para relacionar processos, sistemas e sistemas de sistemas; - Dificuldades para construir relações hierárquicas entre os conceitos estudados.	- Oportunidades de reconhecer as múltiplas relações existentes entre os conceitos estudados; - Oportunidades de observar e comparar as estruturas que correspondem aos conceitos estudados.

Fonte: Bezerra (2023)

Neste item, apresentamos a caracterização da dimensão operacional das dificuldades de aprendizagem de Biologia das participantes da pesquisa. Reafirmamos que, nos termos da Teoria da Subjetividade, as operações intelectuais podem ser subjetivamente configuradas, sendo a aprendizagem um processo de produção subjetiva, complexo e dinâmico, que envolve sentidos subjetivos gerados nos diversos momentos e contextos da vida do indivíduo. Dessa forma, expomos, na sequência, as construções interpretativas acerca da dimensão subjetiva das dificuldades de aprendizagem de Biologia e sua superação, a partir da configuração subjetiva da ação de aprender das discentes.

4.2 A configuração subjetiva da ação de aprender Biologia das participantes Evy, Maroca e Sofia

Nesta subseção, apresentamos as nossas construções-interpretativas a respeito da configuração subjetiva da ação de aprender Biologia, considerando as constituições subjetivas da história de vida, da subjetividade social e os sentidos subjetivos produzidos pelas participantes durante a ação de aprender Biologia.

4.2.1 Evy: "[...] *eu acho que eu quero ser veterinária. Aí, eu vou ter que aprender* [Biologia] *de qualquer jeito*"

Evy é filha única e, na ocasião da pesquisa, morava com a mãe, o pai, um cachorro e um gato, conforme ela mesma descreveu durante a dinâmica conversacional. Nasceu no estado do Amapá e sempre morou no mesmo município. Iniciou os estudos no IFAP aos 15 anos (2020), no começo da pesquisa de campo, tinha 16 (2021) e, ao final do trabalho, estava com 18 (2022). A participante estudou os três primeiros anos do ensino fundamental em uma escola pública da rede estadual e os demais em escolas privadas da cidade onde morava. Evy se considerava uma estudante dedicada, e seus componentes curriculares preferidos eram Matemática, História, Artes, Informática e Inglês.

No instrumento de autoavaliação, Evy apontou que precisava estudar muito para aprender Biologia. Também considerou seu desempenho ruim, tendo em vista a aprendizagem do componente curricular de uma maneira geral, e não apenas as notas obtidas nas avaliações. Além disso, Evy mencionou que não gostava de Biologia e, muitas vezes, tinha dificuldades para realizar as atividades solicitadas.

Nas Bioficinas virtuais, a participante não ligava a câmera, não falava ao microfone e se manifestou poucas vezes pelo chat, sendo uma vez para indicar os temas de interesse (primeiro encontro) e outras três vezes para confirmar que havia realizado as atividades. Nos primeiros encontros das Bioficinas presenciais, ela não participava espontaneamente das discussões propostas e respondia às perguntas somente quando direcionadas. Conforme avançamos nas atividades, Evy passou a se manifestar mais, questionando e colaborando com os debates. Nas observações das aulas regulares de Biologia, percebemos que a estudante ficava isolada dos colegas da turma e não se envolvia nas discussões promovidas pela professora. Durante as dinâmicas conversacionais, Evy falou ao microfone, mas também não ligou a câmera. No decorrer da pesquisa, também tivemos contatos informais, presenciais e por meio de aplicativo de mensagens instantâneas.

Analisando os boletins de 2021 e 2022, observamos que a participante alcançou excelentes notas em todos os componentes curriculares cursados nos dois primeiros anos do ensino médio. No 1º ano, as disciplinas em que a estudante obteve a média máxima de 100 pontos, em todos os bimestres, foram: Gestão de transportes, História, Informática, Logística Reversa, Matemática e Sociologia. A menor média anual obtida por ela, nesta série, foi 78 pontos na disciplina Química. No 2º ano, Evy continuou com ótimas notas, principalmente nos componentes curriculares de Empreendedorismo, Língua Inglesa, Língua Portuguesa e Direito.

Em Biologia, Evy também alcançou resultados notáveis e, examinando o seu boletim, observamos que a estudante cumpria as demandas acadêmicas nos períodos letivos estabelecidos pela instituição escolar. Numa primeira análise, essa constatação nos fez pensar que a participante não possuía dificuldades de aprendizagem em Biologia. Sendo assim, por que nos interessou construir um caso a respeito de Evy?

Para responder a esta questão, é necessário considerar que, entre os diversos objetivos de aprendizagem de Biologia, estão: a compreensão de processos e fenômenos numa perspectiva sistêmica; a interpretação e a produção próprias para tomada de decisões conscientes; a contextualização e a generalização dos conteúdos; e o avanço para tipos de aprendizagens mais sofisticadas (Brasil, 2017; Luckesi, 2014; Pozo; Gómez Crespo, 2009). Para tanto, importa que os estudantes do ensino médio personalizem as informações recebidas, as utilizem em contextos diversificados e, quando possível, elaborem suas próprias explicações sobre as temáticas estudadas. Assim, eles se aproximariam das formas de aprendizagem compreensiva e/ou criativa (Mitjáns Martínez; González Rey, 2017).

No estudo do caso de Evy, verificamos que ela não estava alcançando os objetivos do ensino da Biologia e da Educação em Ciências, apesar das boas notas obtidas. Nas análises desenvolvidas, compreendemos que isso ocorria principalmente em razão das dificuldades da estudante em mobilizar os recursos subjetivos e operacionais necessários para aprender os conteúdos estudados.

4.2.1.1 Os sentidos subjetivos relacionados à história de vida de Evy

Durante qualquer ação, o indivíduo mobiliza as produções subjetivas geradas em sua história de vida, assim como aquelas produzidas no momento que a própria ação acontece. Por isso, no processo de pesquisa no qual buscamos construir-interpretar a configuração subjetiva da ação de aprender, importa compreender os sentidos subjetivos oriundos da história de vida, que participam da ação em investigação. Dessa forma, no presente item, apresentamos a constituição subjetiva da história de vida de Evy.

A família de Evy valorizava muito os estudos. Seus pais tinham formação superior nas áreas jurídica e contábil, e ela acompanhou durante a infância e parte da adolescência o empenho deles para se formarem, bem como obterem aprovação em concursos públicos. Dessa forma, a estudante considerava os pais como modelos de dedicação e esforço, considerando que estudar era o meio principal para melhorar as condições de vida.

Nesse movimento, desde criança, Evy foi incentivada principalmente pela mãe a estudar e a se dedicar aos estudos. Para auxiliar na compreensão dessa ideia, a seguir, o relato da estudante sobre um acontecimento particular, quando pedimos que nos contasse algumas lembranças marcantes da infância.

> *Eu me lembro que, antes de eu entrar na escola, a mamãe comprou uns materiais, porque eu sou meio ano atrasada, que no geral, dá um ano, né? Atrasada, porque eu faço aniversário em junho e não me deixaram entrar antes, porque eu estaria meio ano adiantada e preferiram me colocar meio ano atrasada, mesmo a mamãe indo lá. Não me deixaram entrar e eu fiquei*

> *um ano atrasada. Só que a minha mãe, ela ia na escola e pegava aqueles livros que não estavam mais usando. Ela pegava e eu fazia, em casa, as atividades, sobre os assuntos. Antes de eu entrar, ela comprou uma apostila daquelas de criança. Eu lembro até da cor. A capa era azul. Tinham letras e números. Eu me lembro que eu ficava fazendo, porque não me deixaram ir para escola, né?* (Evy, Dinâmica conversacional 3).

No trecho destacado acima, enfatizamos, de início, a questão do "atraso escolar", que, segundo Evy, ela tinha. Isso gerava grande incômodo na estudante, além da insatisfação em relação à escola de educação infantil. No entanto, diante dessa situação, a mãe de Evy buscou antecipar seu processo de aprendizagem, contribuindo para o interesse da filha pelos estudos. Ela mencionou, durante o relato: *E, professora, eu entrei naquela escola sabendo escrever o meu nome, o nome dos meus pais, o nome do cachorro* [...] (Evy, Dinâmica conversacional 3).

Assim, diante das informações apresentadas, interpretadas em conjunto com os outros instrumentos da pesquisa, elaboramos o indicador de que a motivação de Evy para os estudos tinha sua gênese na convivência familiar, tendo em vista as experiências dos pais, assim como o constante encorajamento da mãe para que a estudante avançasse independentemente dos obstáculos.

Continuando as análises sobre a dedicação de Evy aos estudos e o papel da figura materna nesse processo, destacamos as seguintes expressões da estudante:

> ***Sou uma estudante*** *Dedicada*
>
> ***Fico animada*** *Quando tiro nota boa*
>
> ***Sofro quando*** *Tiro menos que 80*
>
> ***Fico triste*** *Quando tiro nota baixa* (Evy, Complemento de frases).

Essas expressões evidenciaram, de início, a preocupação da participante em relação à obtenção de boas notas, fato que se refletia nos boletins da aprendiz, com um rendimento sempre acima da média. Exploramos essas ideias durante a dinâmica conversacional:

> ***Pesquisadora:*** Outra coisa que eu observei, foi a tua preocupação com os estudos. Eu vejo que você se preocupa bastante. Essa organização demonstra *isso. Sempre preocupada em cumprir as tarefas, estudar para as provas com antecedência. Você sempre foi assim? Faz parte da tua história de estudante? Me conta um pouquinho.*

> **Evy:** *Eu sempre fui muito preocupada em tirar nota boa. Porque a mamãe sempre estipulou uma nota. Tipo, 8 para baixo, "nããããoo"!! Sempre teve que ser 8 para cima. Eu sempre fiquei com isso na cabeça. Aí eu me dedicava, ao máximo, para tirar nota boa.*
>
> **Pesquisadora:** E isso é desde que começou a estudar?
>
> **Evy:** *Sim* (Dinâmica conversacional 2).

A obtenção de boas notas é um elemento muito forte da subjetividade social, tanto da escola (em todos os níveis de ensino) quanto da sociedade de maneira geral. O estudante que tem as maiores notas normalmente é considerado o "melhor". Além disso, os processos seletivos no Brasil também consideram exclusivamente as notas nas provas realizadas pelos candidatos. Dessa forma, a ideia de um "rendimento escolar mínimo" estabelecido pela mãe de Evy poderia ter sua origem nesses aspectos da educação do país.

Nessa direção, a análise das informações construídas durante a pesquisa com Evy auxiliou na interpretação de que ela demonstrava, muitas vezes, que seu esforço nos estudos tinha como objetivo alcançar o rendimento estabelecido. Segue um excerto da dinâmica conversacional para exemplificar essa ideia:

> **Pesquisadora:** *Certo, e aqueles (componentes curriculares) que você gosta mais? Você acha melhor para estudar?*
>
> **Evy:** Sim.
>
> **Pesquisadora:** Mas e aí, as disciplinas que você não gosta?
>
> **Evy:** Eu me dedico mais. Porque eu acho que eu tenho que tirar uma nota pelo menos aceitável, né? (Dinâmica conversacional 1).

A partir dos destaques acima, construímos o indicador de que o esforço e a dedicação de Evy para os estudos estavam presentes desde a infância e tinham relação com as exigências da mãe, favorecendo uma produção subjetiva sobre ser uma estudante com excelente rendimento escolar.

Evy gostava de estudar. Contudo, algumas vezes, estudar não era uma tarefa prazerosa. Sentia-se cansada e, em razão do volume de atividades, cumpria as demandas por obrigação, sempre sentindo que deveria fazer o melhor para obter a melhor nota. Observamos que a estudante apresentava sentimentos de autocobrança, buscando o perfeccionismo diante da realização dos trabalhos. O trecho a seguir auxilia na compreensão das ideias descritas: *Errar nas atividades me deixa estressada. Fazer os trabalhos me estressa, mas no fim eu gosto, porque significa que quando eu me estresso, uma hora vai sair bonito, o trabalho. Aí, no fim, vale a pena o estresse* (Evy, Dinâmica conversacional 1).

Sobre a questão do erro, Evy escreveu no complemento de frases:

> ***Quando eu erro*** *Fico brava*
>
> ***Quando acerto*** *Fico feliz*
>
> ***Arrependo-me*** *Quando eu erro*
>
> ***O que mais me preocupa*** *Enviar a prova e tá tudo errado* (Evy, Complemento de frases).

Desse modo, a partir dos indicadores e expressões apresentados anteriormente, formulamos a hipótese de que a relação com os pais foi uma fonte de sentidos subjetivos de valorização do estudo, favorecendo, por um lado que Evy tivesse um excelente desempenho escolar e, por outro, sentimentos de insatisfação em relação ao erro e autocobrança para obtenção de notas acima da média.

O fato de ter ingressado na educação infantil depois das outras crianças, em razão da sua data de nascimento, incomodava Evy profundamente e era uma lembrança constante quando mencionava aspectos da sua história de vida escolar. A fala da estudante, que transcrevo a seguir, evidencia os sentimentos que observei.

> *Ficou um ano parado. Foi ruim, né? Porque eu já estava meio ano atrasada, porque eu nasci em junho e na educação infantil, não me aceitaram um ano antes. Preferiram me aceitar um ano depois. Ai, agora, eu estou um ano e meio atrasada, por causa da pandemia* (Evy, Dinâmica conversacional 1).

No ensino fundamental, Evy estudou com vários professores de Ciências diferentes, que utilizavam metodologias distintas, as quais, segundo a estudante, às vezes facilitavam a aprendizagem e outras vezes a dificultavam. Em geral, ela considerava aqueles estudos mais simples do que os do ensino médio:

> *No fundamental, com certeza era mais fácil. A gente só tinha ciências, ciências sociais. Fotossíntese, a planta absorve a luz do Sol e pronto. Era só isso. Assim, bem simples. Aí, agora já tem Química, já tem Biologia. Já vai para as células, já vai para o DNA. Mistura tudo* (Evy, Dinâmica conversacional 1).

Já no primeiro ano do ensino médio, Evy sentia dificuldade em relação à maior complexidade do conteúdo de Biologia. Exigia-se da estudante uma compreensão das interações entre os conceitos estudados que, na concepção dela, estavam mais difíceis, porque, agora, "*mistura tudo*". Além disso, os estudos do ensino fundamental foram marcados por processos de memorização e reprodução dos conteúdos, conforme o comentário a seguir.

> ***Pesquisadora:*** Você escreveu algumas vezes, no complemento de frases, sobre decorar os assuntos. Quando você estudava no ensino fundamental, também tinha esse hábito de decorar os conteúdos para poder fazer as provas? Era esse processo que você utilizava mais?
>
> ***Evy:*** *Era esse processo mesmo. Eu utilizei muita decoreba (risos). Aí, depois, eu me lembrava de 20%* (Dinâmica conversacional 2).

Diante das informações apresentadas, elaboramos o indicador de que, no ensino fundamental, os estudos de ciências eram baseados em processos de memorização e de reprodução, favorecendo a concepção de que, para aprender Biologia, de acordo com Evy, era suficiente decorar os conceitos ensinados.

Falando sobre as experiências com os estudos de ciências, no ensino fundamental, Evy relatou:

> *O que eu estudei no fundamental. Não tinha a matéria separada de Biologia. Era Ciências. Eu me lembro só da gente estudar sobre célula, tecido, músculo, órgãos essas coisas. Só isso mesmo. No 9º ano que introduziram um pouco de química. Mas não deu tempo de ver tudo* [...]
> *Teve só uma vez que a gente foi no laboratório, numa escola minha do fundamental. A gente viu a cabeça de uma mosca e teve que desenhar. O resto era mais explicação e, às vezes, passavam trabalho de fazer maquete, essas coisas* (Evy, Dinâmica conversacional 2).

Analisando os relatos de Evy, em conjunto com outras informações, construímos o indicador de que a estudante mobilizava sentidos subjetivos de desinteresse pelos temas da área das Ciências da Natureza, satisfazendo-se com a memorização dos conteúdos para resolução das atividades. Essa produção subjetiva tinha gênese no ensino fundamental, em aulas que não contemplavam muitos momentos de reflexão e elaboração própria por parte da aprendiz. Esse tipo de experiência pode impactar os estudos do ensino médio, fazendo com que os estudantes não criem afinidades com os componentes curriculares da área, como ocorreu no caso de Evy.

Outro acontecimento marcante relaciona-se ao professor do 6º ano, que os avaliava por meio de provas surpresa. De acordo com a participante, essa situação era bastante tensa, pois a turma nunca sabia quando as provas ocorreriam. Evy relatou:

> *Sobre as Ciências, tinha um professor, que eu acho que eu falei, né? Que ele passava prova surpresa. Toda vez que acabava um assunto. Mas ninguém gostava disso, porque não era, tipo, um assunto que a gente sabia qual era o final. Por exemplo, a gente vai estudar o Reino Fungi, aí, quando acabar o Reino Fungi tinha prova. Não, era mais ou menos no meio. Uma coisa sem sentido e ninguém nunca sabia quando que ia ter a prova. E era somente essa prova que ele passava. Ele não passava trabalho a mais.* (Evy, Dinâmica conversacional 3).

Diante dos indicadores descritos anteriormente, elaboramos a hipótese de que os estudos de ciências do ensino fundamental não favoreceram uma aprendizagem com significado para Evy. Essas experiências reverberavam no ensino médio, promovendo a produção de sentidos subjetivos desfavoráveis à aprendizagem de Biologia, como desinteresse, desmotivação e aversão ao componente curricular.

O Quadro 2 a seguir expõe a síntese das hipóteses e dos indicadores produzidos sobre os sentidos subjetivos associados à história de vida de Evy.

Quadro 2 – Síntese das hipóteses e dos indicadores produzidos os sentidos subjetivos associados à história de vida de Evy

HIPÓTESES	INDICADORES
1) A relação com os pais era fonte de sentidos subjetivos de empenho nos estudos, favorecendo por um lado que Evy tivesse um excelente desempenho escolar e, por outro, que a aprendiz produzisse sentimentos de insatisfação em relação ao erro e autocobrança para obtenção de notas acima da média.	a) A motivação de Evy para os estudos tinha sua gênese na convivência familiar, tendo em vista as experiências dos pais, assim como o constante encorajamento da mãe para que a estudante avançasse, independentemente dos obstáculos. b) O esforço e a dedicação de Evy para os estudos estavam presentes desde a infância e tinham relação com as exigências da mãe, favorecendo a produção de sentidos subjetivos sobre ser uma estudante com excelente rendimento escolar.

HIPÓTESES	INDICADORES
2) Os estudos de ciências do ensino fundamental não favoreceram uma aprendizagem com significado para Evy. Essas experiências reverberavam no ensino médio, promovendo a produção de sentidos subjetivos desfavoráveis à aprendizagem de Biologia, como desinteresse, desmotivação e aversão ao componente curricular.	a) No ensino fundamental, os estudos de ciências eram baseados nos processos de memorização e de reprodução, fortalecendo a concepção de que, para aprender, de acordo com Evy, Biologia era suficiente decorar os conceitos ensinados. b) No ensino fundamental, a estudante não desenvolveu afeição ou afinidade pelo componente curricular, subjetivando-o como uma disciplina obrigatória adicional, pela qual deveria se dedicar. c) No ensino fundamental, as aulas não contemplavam muitos momentos de contextualização, reflexão e elaboração própria por parte dos aprendizes, contribuindo para que Evy produzisse sentidos subjetivos de desinteresse pelos temas da área das Ciências da Natureza, satisfazendo-se com a memorização do conteúdo para resolução das avaliações.

Fonte: Bezerra (2023)

4.2.1.2 Os sentidos subjetivos associados à subjetividade social da escola

A subjetividade social integra os sentidos subjetivos produzidos no ambiente escolar, os quais participam do processo de aprendizagem, dependendo de como os estudantes subjetivam as relações estabelecidas na sala de aula e na escola, assim como as normas e os valores institucionais. Cada aprendiz apresenta uma produção subjetiva singular diante desses aspectos (Mitjáns Martínez; González Rey, 2017). No caso de Evy, questões como o ensino remoto emergencial, as interações estabelecidas com os colegas de turma e com os professores e as características específicas da instituição impactaram sua produção subjetiva, com significativos desdobramentos na aprendizagem de Biologia da estudante.

Durante a pandemia, Evy ficou em casa com os pais, que estavam trabalhando em home office. Nesse contexto, a estudante sentia-se confortável, pois gostava de estar em casa. Estas ideias foram evidenciadas no complemento de frases, quando ela escreveu: *O melhor lugar é o meu quarto*; *Minha diversão é ficar com meu cachorro*; e *Minha maior alegria é o meu cachorro*.

Além disso, a aprendiz não mantinha relações muito próximas com os colegas de turma nem com os professores. Nas observações que realizamos em sala de aula, percebi que ela se sentava isolada e não se manifestava. No complemento de frases, ela escreveu: *Na sala de aula eu geralmente fico sozinha.*; *Meus colegas da escola* são *poucos.*; *Meus professores n*ão gosto da maioria. No trecho da dinâmica conversacional, transcrito a seguir, ela expressou o conforto que sentia em estar em casa no período do ensino remoto emergencial.

> ***Pesquisadora:*** Aí tem algumas coisas que você falou também sobre se sentir cansada, querer dormir. Era só naquela época do ensino remoto? Ou ainda tem essa sensação?
>
> ***Evy:*** Eu ainda fico com vontade de dormir. Ainda dá esse cansaço sim. Até porque tem que acordar ainda mais cedo. Antes dava para acordar uns 20 minutos antes da aula. Agora não, tem que acordar, tem que se vestir, pegar o carro, tem que fazer várias coisas. Então, tem que acordar bem mais cedo do que antes.
>
> ***Pesquisadora:*** Você mora longe do campus?
>
> ***Evy:*** *Não, eu moro bem perto.*
>
> ***Pesquisadora:*** E ficar o dia inteiro lá, como é para você?
>
> ***Evy:*** Muito cansativo. Não pode ir pra casa. Eu antes voltava pra casa, mas aí o meu pai começou a trabalhar presencial. Antes ele estava trabalhando on-line. Agora que ele voltou presencial, eu não podia mais voltar pra casa. Não tinha quem me levasse. Agora não dá mais pra tomar banho, eu tenho que ficar lá, comer a comida de lá (Dinâmica conversacional 2).

Diante das informações apresentadas, produzimos o indicador de que, no período pandêmico, Evy produziu sentidos subjetivos contraditórios em relação à escola. Apesar de considerar as aulas virtuais horríveis, ela estava satisfeita por estar em casa e não precisar ir à escola, pois sentia-se confortável na convivência com a família, não sendo necessário passar o dia inteiro no IFAP, o que ela considerava muito cansativo.

O sentimento de perda do primeiro ano do ensino médio era recorrente entre os estudantes durante a pandemia, pois a instituição esperou um ano para iniciar as aulas por meio do ensino remoto emergencial. No excerto a seguir, retomo o comentário anteriormente apresentado por Evy sobre como se sentia em relação a este atraso escolar.

> ***Pesquisadora:*** *Agora, Evy, me fala um pouco sobre o IFAP. Assim, como foi quando você fez o processo seletivo? Como foi depois que entrou?*
>
> ***Evy:*** *Eu queria entrar, pra ter um nome bonito assim para pôr no currículo. Estava sendo bom antes da pandemia. Aí, depois, ficou um ano parado. Foi ruim, né? Porque eu já estava meio ano atrasada, porque eu nasci em junho e na educação infantil, não me aceitaram um ano antes. Preferiram me aceitar um ano depois. Ai, agora, eu estou um ano e meio atrasada, por causa da pandemia* (Dinâmica conversacional 1).

O início da educação formal, considerado tardio, contribuía para percepção de Evy de que mais uma vez estava atrasada na escola. Nessa direção, a produção subjetiva social escolar em relação à suposta reprovação no período de suspensão das aulas intensificou o sentimento de atraso que ela sentia desde a educação infantil. Esse processo desencadeou na estudante produções subjetivas de insatisfação e decepção em relação à escola. No complemento de frases, Evy escreveu: *O IFAP parecia ser bem melhor*.

A partir dessas análises e tendo em vista as demais interpretações da pesquisa, construímos o indicador de que Evy subjetivou a espera pelo retorno das aulas, considerando sua vivência pessoal, produzindo sentidos subjetivos de desapontamento e descontentamento em relação ao IFAP, reverberando na desmotivação para os estudos.

Quando se tratava das atividades escolares durante o ensino remoto emergencial, Evy considerava que estava estudando sozinha. O tema emergiu no complemento de frases:

> É difícil *Aprender sozinha, se eu conseguisse não estava na escola*
>
> ***Eu gostaria de saber mais*** *Sobre tudo*
>
> ***Na escola*** *Era mais fácil aprender*
>
> ***Aulas virtuais*** *São horríveis* (Evy, Complemento de frases).

Abordamos as respostas dela na dinâmica conversacional e tivemos a conversa transcrita a seguir:

> ***Pesquisadora:*** Eu achei uma coisa interessante que você colocou lá no complemento de frases, que você gostaria de aprender sozinha. E você não ia ter que ir para a escola. Mas você não acha que a escola te ajuda?

> ***Evy:*** É, mas agora está mais difícil. Nessas aulas on-line, porque a gente tem as aulas com o professor, alguns dão aula. Outros não dão. Aí a gente tem que aprender a maior parte sozinho. Porque tu pergunta para ele, às vezes ele responde. Mas eu não consigo entender, 5 vezes que ele repete, eu não entendo. Aí tem que olhar vídeos no YouTube, tem que ler, ler, ler mais ainda, até entender. Então fica mais difícil ainda.
>
> ***Pesquisadora:*** Você acha que quando estava lá na escola era melhor nesse sentido?
>
> ***Evy:*** Sim, bem melhor (Dinâmica Conversacional 1).

Para Evy, o ensino remoto emergencial exigia muito esforço e ela sentia-se cansada, pois o volume de atividades era grande e, na percepção dela, a maior parte dos estudos neste período ela realizava sozinha. A aprendiz possuía certa autonomia e pesquisava pelos conteúdos quando não conseguia acompanhar ou entender o que era ensinado. Ela também tinha um sistema de organização próprio para realização das tarefas, tendo em vista os prazos estabelecidos. O excerto a seguir aborda essa questão:

> ***Pesquisadora:*** *E como é que você se organiza? Você falou que estava com bastante atividade. Você consegue se organizar para cumprir tudo? Para não perder os prazos?*
>
> ***Evy:*** *Consigo sim, professora. Eu tenho um quadro na parede para colocar os horários. E também tenho um aplicativo no celular, que me avisa quanto tempo falta para terminar o prazo de tal atividade. Eu vou fazendo, às vezes de acordo com a dificuldade e, às vezes, de acordo com o prazo.*
>
> ***Pesquisadora:*** *Então, você já tem todo um sistema de organização. Muito legal, muito bom. Você acha que ajuda?*
>
> ***Evy:*** *Com certeza, professora. Se não, eu iria ficar toda perdida. E é melhor no celular, porque é mais fácil de achar. Porque, no caderno, a gente vai perdendo. Vai enchendo a página e arranca a página. E não sabe se está no fim do caderno, está no meio. No celular é só excluir a tarefa e colocar outra* (Dinâmica conversacional 1).

Nesse contexto, formulamos o indicador de que, durante o ensino remoto emergencial, Evy considerava que estudava sozinha, sem a orientação presencial do professor, e, por isso, sentia que precisava se esforçar mais para aprender, realizar as atividades e alcançar as notas para aprovação em Biologia, componente curricular em que tinha dificuldades de aprendizagem.

Considerando os indicadores de sentidos subjetivos e as análises apresentadas anteriormente, elaboramos a hipótese de que a pandemia de Covid-19 impactou a produção subjetiva de Evy, gerando, por um lado, sentidos subjetivos de satisfação por estar em casa e passar mais tempo com a família e, por outro lado, contribuiu para uma produção subjetiva desfavorável à aprendizagem, em razão do modelo de ensino remoto emergencial e à suspensão das aulas por um ano.

Como vimos anteriormente, a história da vida escolar de Evy foi marcada, entre outras questões, pelas exigências da mãe em relação ao rendimento mínimo de 80% nos componentes curriculares que a adolescente estudava. Essa obrigação se refletia nas produções subjetivas da estudante, que se preocupava, principalmente, em obter as notas necessárias para atender às expectativas maternas. Seguem algumas expressões que auxiliaram na construção dessas conjecturas iniciais.

> ***Empenho-me*** *Quando vale ponto*
>
> ***O que eu faço melhor é*** *Quando vale ponto*
>
> ***Fico motivado (a)*** *Quando vale ponto ou só vencer mesmo*
>
> ***Sinto-me desafiado (a)*** *Quando é pra ser a melhor*
>
> ***Fico animado (a)*** *Quando tiro nota boa* (Evy, Complemento de frases).

Conversamos sobre o tema na dinâmica conversacional:

> **Pesquisadora:** *Tem uma outra coisa que você colocou no seu complemento de frases, que eu achei interessante. Sobre as avaliações. Você escreveu que se dedica mais quando vale ponto, quando tem nota. Mas e quando tem aquelas atividades que não valem pontuação no bimestre, você faz do mesmo jeito?*
>
> **Evy:** *Assim, quando são aquelas atividades só para fixação?*
>
> **Pesquisadora:** *Isso.*
>
> **Evy:** *Eu faço, né? Eu vejo se está certo, se não tiver, eu procuro aprender mais, mas só quando for fazer a prova de verdade. Porque se a gente for estudar tudo para entender na hora que eles passam o assunto, fica difícil, porque eles passam assunto, depois passam atividade... e eu percebi que é mais fácil estudar um pouco antes de fazer a avaliação, porque fica melhor para entender o assunto.*
>
> **Pesquisadora:** *Então, você acha que essas atividades ajudam?*

> ***Evy:*** É, ajudam, mas é melhor focar logo nas que valem ponto para estudar bem (Dinâmica conversacional 1).

No contexto escolar, o destaque para as notas das avaliações, assim como das notas bimestrais ou anuais finais, prevalecia e, em muitas disciplinas, era motivo de reconhecimento dos estudantes que obtinham os maiores desempenhos. Nesse sentido, elaboramos o indicador de que a produção subjetiva de Evy expressava os sentidos subjetivos gerados na subjetividade social da escola quanto à cultura de valorização do alto rendimento dos estudantes.

Especificamente, a respeito das provas, conversamos:

> ***Pesquisadora:*** *Você chegou a fazer alguma prova [presencial] no IFAP?*
>
> ***Evy:*** *Só aquela que a gente fez no primeiro dia de aula, de nivelamento. Mas eu não sei se tinha Biologia. Eu não lembro.*
>
> ***Pesquisadora:*** *Mas aí, no fundamental, quando tinha prova, você também se sentia nervosa?*
>
> ***Evy:*** *Mesmo estudando, mesmo sabendo bem, eu ainda ficava nervosa. Mas a minha média era bem boa. Mas dava nervoso sim, porque às vezes a gente sabe e na hora a gente erra, porque não prestou atenção numa palavra que faz aquela alternativa ficar errada.*
>
> ***Pesquisadora:*** *E agora com as provas on-line?*
>
> ***Evy:*** *Eu, particularmente, não gosto quando eles dão tempo. Tipo, dão uma hora e meia, duas horas, porque eles dão aquele tempo e mesmo que eu consiga fazer em menos tempo, eu ainda fico assim, nervosa. Falta meia hora, eu já fico: Meu Deus! E isso acaba prejudicando, porque a gente vai tentando fazer mais rápido e, às vezes a gente não presta atenção* (Dinâmica conversacional 1).

Sobre o nervosismo nos momentos avaliativos, Evy escreveu no complemento de frases: *Nos dias de prova eu fico muito nervosa, quase pra desmaiar*. Com a análise dessas expressões, foi possível inferir que a aprendiz conferia significativa importância aos momentos de avaliação, gerando, muitas vezes, ansiedade e insegurança em relação ao seu desempenho. No excerto a seguir, destacamos um momento de dinâmica conversacional no qual explorei o tema das notas, comparando-as com a autoavaliação da aprendiz acerca da sua aprendizagem em Biologia, no 1º bimestre do 2º ano.

> ***Pesquisadora:*** Aí, Evy, falando um pouquinho do teu desempenho. Agora, nesse primeiro bimestre, em Biologia, eu vi que você ficou com a nota 97. Eu queria

saber, então, como você avalia a tua aprendizagem, o teu desempenho. Assim, você obteve uma nota alta, mas e a aprendizagem dos conteúdos que vocês estudaram, como você acha que foi?

Evy: *Olha, eu acho que para prova, eu absorvi. Mas se fosse me perguntar agora, eu acho que eu já teria esquecido uma boa parte do que eu estudei. Tipo, na hora da aula, a gente vai escutando e vai entendo, faz todo sentido. Mas depois vem outra aula, tu já tem que entender aquilo e meio que o teu cérebro esquece um pouco do que tu já entendeu da outra aula. Depois tem que rever para prova. Mas tem outras provas também. Aí esquece o que estudou para outra prova.*

Pesquisadora: E como foi que você estudou nesse primeiro bimestre para Biologia?

Evy: *A gente teve uma atividade para casa, uma prova que tinha consulta e a prova do "simuladão".*

Pesquisadora: Foi tudo individual?

Evy: *Foi.*

Pesquisadora: Então, assim, basicamente, você estudou para prova final? Já perto do simulado?

Evy: *Sim* (Dinâmica conversacional 2).

Quando o 3º bimestre letivo se encerrou, Evy nos enviou, espontaneamente, uma mensagem via aplicativo de mensagens instantâneas, com a foto da nota da prova final de Biologia, que valia 100 pontos, na qual obteve 56. Segue a transcrição da conversa que tivemos:

Evy: *Ela deu a nota hoje, valia 100.*

Pesquisadora: *Bom dia, Evy! Como está? Esta nota é da prova final do bimestre?*

Evy: *Estou bem, fiquei com 83 no bimestre. Teve outra atividade que eu tirei 100*

Pesquisadora: *Que bom!*

Evy: *Teve também 10 pontos extras pela participação na semana de ciência e tecnologia.*

Pesquisadora: *Pode me mandar fotos da prova? Por favor!* (Conversa com Evy, via aplicativo de mensagens instantâneas, 27/10/2022).

A prova foi sobre o conteúdo do Filo *Arthropoda* e constava de questões de múltipla escolha e discursivas que requeriam respostas objetivas sobre as características dos animais que compõem esse grupo. De maneira geral, a partir das análises documentais das atividades avaliavas do componente curricular, observamos a tendência do incentivo a processos de reprodução. Segue um excerto de uma de nossas conversas via aplicativo de mensagens instantâneas, quando pedi que fizesse um resumo de como foi a finalização do 4º bimestre de 2022.

> *Esse último bimestre não teve tantas provas, a maioria dos professores passou trabalho (apresentação, síntese, trabalho com consulta, teatro, participação, corredor literário...). Mas mesmo assim foi um bimestre muito cansativo, porque os trabalhos ficaram quase todos pra penúltima e última semana então foi muito cansativo. Na minha opinião foi até mais estressante que a semana de provas. Esse teatro foi a avaliação de história, era sobre o período regencial. Eu peguei o segundo reinado, aí fizemos teatro de fantoches. Mas eu nem prestei atenção na apresentação dos outros porque o meu grupo ainda estava terminando de fazer os fantoches. Na disciplina de Biologia a gente só teve atividades com consulta. Só que mesmo assim as perguntas eram meio difíceis. Teve umas que eu consegui ligar com as explicações da senhora, mas a maioria eu peguei na Internet* (Evy, via WhatsApp, 23/12/2022).

Diante da interpretação das informações apresentadas anteriormente, elaboramos o indicador de que as avaliações, assim como o acúmulo e o excesso de atividades, muitas vezes não contribuíam para a reflexão e elaboração próprias, inviabilizando a expressão da condição de agente ou sujeito pela estudante, o que favorecia a simples reprodução.

Nas observações que realizamos nas aulas regulares de Biologia, verifiquei que Evy era uma estudante tímida e que sempre se sentava isolada dos colegas. Na dinâmica conversacional, quando falamos sobre as dúvidas do conteúdo ela mencionou: *Eu deixo para pesquisar, porque eu sinto vergonha de perguntar* (Evy, Dinâmica conversacional 2). A estudante sentia-se constrangida em se expressar diante dos colegas da turma. Falamos sobre o assunto na dinâmica conversacional.

> ***Pesquisadora:*** Evy, você se considera uma pessoa tímida?
>
> ***Evy:*** *Sim. Muito.*
>
> ***Pesquisadora:*** Se você fizesse uma avaliação, em que momentos você acha que é mais tímida ou menos?

> ***Evy:*** *Se eu estou em uma sala com um monte de gente, eu vou ser tímida. Mas se eu estiver só com um grupo de amigos. Amigos mesmo, não colegas de sala. Tipo, eu não vou ser tímida.*
>
> ***Pesquisadora:*** No complemento de frases, você escreveu assim: "Na sala de aula eu fico sozinha". Aí, ontem, quando eu estava na aula, eu percebi que você estava sozinha. Por que você fica sozinha na sala?
>
> ***Evy:*** *Eu falo com todo mundo da minha sala, mas eu costumo sentar daquele lado por costume mesmo. Eu sentei lá no primeiro dia e continuo sentando. Eu tenho uma amiga. Eu acho que a senhora sabe que teve uma menina que sofreu um acidente no ônibus e ela se afastou.*
>
> ***Pesquisadora:*** Sim.
>
> ***Evy:*** *Então, é ela minha amiga. Aí ela se afastou e eu estou sem ninguém.*
>
> ***Pesquisadora:*** Entendi. Ela que é tua amiga mais próxima?
>
> ***Evy:*** É.
>
> ***Pesquisadora:*** Eu achei também que você tinha amizade com a Sofia...
>
> ***Evy:*** *Eu tenho, mas é porque a gente senta muito longe. Eu tenho preguiça de ir pra lá, porque lá é muito claro [Sofia senta no lado oposto da sala de aula].*
>
> ***Pesquisadora:*** Mas aí, a sua amiga mais próxima... como é o nome dela?
>
> ***Evy:*** *Raquel* (Dinâmica conversacional 2).

No início das Bioficinas presenciais Evy também se mantinha isolada, mas conforme avançamos nos encontros ela passou a interagir com as demais colegas. Quando a amiga Raquel retornou da licença saúde, Evy nos pediu para inseri-la nas atividades. Raquel entrou para o grupo em agosto de 2022 e permaneceu até o encerramento do projeto.

A turma de Evy era pequena, com 20 estudantes. O grupo era considerado na escola, como exemplo de integração servindo como modelo para outras turmas que apresentavam problemas para se relacionar. Nas aulas de Biologia havia alguns estudantes que se manifestavam mais e interagiam com a professora, em razão, principalmente, da afinidade que possuíam com o componente curricular. Evy mencionou em uma das nossas conversas informais, que esses estudantes *iam além do que a professora estava explicando* (Evy, conversa informal). Por isso, muitas vezes, não gostava de falar ou perguntar nas aulas pois suas dúvidas pareciam *muito básicas*, em relação aos outros.

A partir das interpretações apresentadas, produzimos o indicador de que Evy produzia sentidos subjetivos de insegurança e timidez diante da turma, e isolava-se durante as aulas. A estudante acreditava que possuía dificuldades para aprender o conteúdo. Ela evitava se expressar, mesmo que fosse para tirar suas dúvidas, pois sentia-se constrangida em relação aos colegas que se expressavam com mais facilidade.

Diante dos indicadores de sentidos subjetivos e das interpretações acima, formulamos a hipótese de que elementos da subjetividade social da escola, como o processo avaliativo institucional e as relações estabelecidas nas aulas de Biologia, não possibilitavam as condições favorecedoras à produção subjetiva que promovesse as aprendizagens compreensivas e/ ou criativas do componente curricular, nem a expressão da condição de agente / sujeito pela estudante.

Dessa forma, o Quadro 3 a seguir expõe a síntese das hipóteses e dos indicadores referentes aos sentidos subjetivos associados à subjetividade social da escola no caso de Evy.

Quadro 3 – Síntese das hipóteses e dos indicadores sobre os sentidos subjetivos associados à subjetividade social da escola

HIPÓTESES	INDICADORES
1) A pandemia de Covid-19 impactou na produção subjetiva de Evy, gerando, por um lado, sentidos subjetivos de satisfação por estar em casa e passar mais tempo com a família; por outro, contribuindo para produção subjetiva desfavorável à aprendizagem, em razão do modelo de ensino remoto emergencial e da suspensão das aulas por um ano.	a) No período pandêmico, Evy produziu sentidos subjetivos contraditórios em relação à escola. Apesar de considerar as aulas virtuais horríveis, ela estava satisfeita por estar em casa e não precisar ir para escola, pois sentia-se confortável na convivência com a sua família, não sendo necessário passar o dia inteiro no IFAP, o que ela considerava muito cansativo. b) Evy subjetivou a espera para o retorno das aulas considerando sua vivência pessoal, produzindo sentidos subjetivos de desapontamento e descontentamento em relação ao IFAP, o que reverberava na desmotivação para os estudos. c) Durante o ensino remoto emergencial, Evy considerava que estudava sozinha, sem a orientação presencial do professor, e, por isso, sentia que precisava se esforçar mais para aprender, realizar as atividades e alcançar as notas para aprovação em Biologia, que era um dos componentes curriculares em que ela tinha dificuldades de aprendizagem.

HIPÓTESES	INDICADORES
2) Elementos da subjetividade social do IFAP, como o processo avaliativo institucional e as relações estabelecidas nas aulas de Biologia, não possibilitavam as condições favorecedoras à produção subjetiva que promovesse as aprendizagens compreensivas e/ou criativas do componente curricular, nem a expressão da condição de agente/sujeito pela estudante.	a) A produção subjetiva de Evy expressava os sentidos subjetivos gerados na subjetividade social da escola quanto à cultura de valorização do alto rendimento dos estudantes. b) A aprendiz conferia significativa importância aos momentos de avaliação, gerando, muitas vezes, ansiedade e insegurança em relação ao seu desempenho. c) As avaliações, assim como o acúmulo e o excesso de atividades, muitas vezes não contribuíam para a reflexão e a elaboração própria, inviabilizando a expressão da condição de agente/sujeito pela estudante e favorecendo a reprodução. d) Evy produzia sentidos subjetivos de insegurança e timidez diante da turma, isolando-se durante as aulas. A estudante acreditava que possuía dificuldades para aprender o conteúdo. Ela evitava se expressar, mesmo para tirar suas dúvidas, pois sentia-se constrangida em relação aos colegas que se expressavam com mais facilidade.

Fonte: Bezerra (2023)

4.2.1.3 Os sentidos subjetivos produzidos durante a ação de aprender Biologia e as mudanças subjetivas identificadas no caso de Evy

Na ação de aprender, os estudantes produzem sentidos subjetivos que podem favorecer ou não a aprendizagem do componente curricular em estudo. Essa produção subjetiva é singular para cada aprendiz, considerando que cada um tem a sua história de vida e a sua forma única de interagir socialmente. Desse modo, interpretamos, no caso de Evy, os indicadores de sentidos subjetivos da sua ação de aprender Biologia, relacionados às dificuldades de aprendizagem identificadas ao longo da investigação, bem como às suas motivações e dedicação para estudar os conteúdos, e aos processos de superação dessas dificuldades.

No instrumento intitulado *O que eu estudei, o que eu sei, o que eu ainda não sei e o que eu gostaria de saber sobre biologia?*, havia um item para que os estudantes marcassem os conteúdos que estudaram, mas que consideravam ainda não saber. Evy indicou os seguintes temas: Composição química dos seres vivos, Ácidos nucléicos, Metabolismo celular e Genética.

O conteúdo da Biologia nas escolas caracteriza-se, principalmente pela utilização de termos técnico-científicos para conceituar as estruturas biológicas, assim como pelas explicações de processos e fenômenos diversos que acontecem nos organismos e no ambiente. É comum que professores e estudantes acreditem que memorizar esses termos, processos e fenômenos seja suficiente para se garantir a aprendizagem do conhecimento da Biologia. Acontece que, no contexto de uso desses processos mnemônicos, os estudantes apresentam uma atitude passiva e desinteressada, acostumando-se a repetir e memorizar conteúdos que serão facilmente esquecidos.

No instrumento de autoavaliação da aprendizagem de Biologia, constavam as perguntas: *Você consegue estabelecer algum tipo de relação entre o conteúdo de Biologia e os conteúdos das outras disciplinas?* e *Você consegue estabelecer relação entre o conteúdo de Biologia com situações do seu cotidiano (saúde, cuidados com o ambiente, alimentação, etc.)?*. Evy marcou a alternativa "raramente" para as duas questões do instrumento, evidenciando as dificuldades que apresentava quanto ao processo de contextualização dos conteúdos com aspectos do seu dia a dia.

Além disso, no estudo de caso de Evy, verificamos que, muitas vezes, ela enfatizava a dificuldade que sentia para "reter" o que era ensinado e conseguir lembrar de *todos os nomes*. A seguir, alguns trechos de instrumentos escritos, utilizados com Evy, que auxiliaram nesta interpretação.

> *Quais são as suas dificuldades para aprender biologia?*
>
> ***Evy:*** *São muitos nomes para se lembrar* (O que eu estudei, o que eu sei, o que eu ainda não sei e o que eu gostaria de saber sobre biologia?).
>
> ***Não aprendo*** *Quando falam com termos difíceis.*
>
> ***Queria saber*** *Decorar o assunto* (Evy, Complemento de frases).

A partir das expressões acima, inferimos que uma das dificuldades de aprendizagem de Biologia da aprendiz era lembrar dos termos técnico-científicos do componente curricular. Observamos a preocupação constante da participante por gravar os nomes, além da dificuldade que ela possuía para aprender quando os termos que ela caracterizava como *difíceis* eram utilizados. Outro apontamento que consideramos importante foi a quantidade de assuntos estudados, que também apresentava relação à dificuldade de lembrar dos conteúdos apresentada por Evy.

Perante as ideias expostas acima, elaboramos o indicador de que, para Evy, aprender Biologia era semelhante a reproduzir e memorizar o conteúdo, evitando processos de interpretação, compreensão e produção própria.

Vejamos, o trecho de dinâmica conversacional a seguir, em que ela comentou a respeito dos componentes curriculares de uma maneira mais geral:

> ***Pesquisadora:*** *Certo, para começar, então, eu queria que você falasse um pouco sobre a sua relação com os estudos. Você gosta de estudar?*
>
> ***Evy:*** *Eu gosto de estudar, né? Mas tem algumas matérias que eu não sou muito fã, porque vai um pouco mais de se lembrar das coisas* (Dinâmica conversacional 1).

A Biologia estava na relação dos componentes curriculares dos quais Evy *não é muito fã*, juntamente com Química, Física, Logística de transportes, Português e as aulas práticas de Educação Física. Com exceção das práticas de Educação Física, que ela não gostava, porque não apreciava realizar atividades físicas, as demais disciplinas, segundo a aprendiz, concentravam muitos assuntos e exigiam lembrar de muitos detalhes, o que acabava por confundir a estudante.

Eram estes os componentes curriculares que Evy estudava principalmente nos períodos de prova, visando decorar o conteúdo com o objetivo de obter boas notas. Isso ocorria em razão de considerar ter dificuldades para aprender e pela ausência de afinidade com as disciplinas, incluindo Biologia. Nesse sentido, formulamos o indicador de que Evy concebia os estudos de Biologia como uma obrigação e lançava mão de processos reprodutivo-memorísticos, o que assegurava o seu bom rendimento nas avaliações.

A participante percebia os estudos no ensino médio como mais complexos, exigindo um esforço maior em relação ao entendimento dos conteúdos. Diferentemente do ensino fundamental, que ela considerava mais simples, os temas agora eram mais amplos e necessitavam de uma visão mais abrangente, estabelecendo-se relações entre os assuntos estudados e as diversas disciplinas que compõem o currículo, como Química. Nesse contexto, observemos o trecho a seguir:

> ***Pesquisadora:*** *E o que você acha que é difícil na disciplina [Biologia]? O que você achou mais complexo para entender?*

> ***Evy:*** É porque tem muita coisa, muito nome e, às vezes, embaralha tudo na cabeça. Aí tu confunde uma coisa com a outra. Tem uma coisa que até hoje eu não entendi que foi nas primeiras aulas do presencial, que ele mostrou umas letras e uns tracinhos, assim. Aí ele falou "é assim, assim, assim..." e eu, mas como é que faz isso, meu Deus?
>
> ***Pesquisadora:*** *Umas letras e uns tracinhos?!*
>
> ***Evy:*** *Sim, um C, aí um tracinho, depois o H, depois dois tracinhos, outra letra...*
>
> ***Pesquisadora:*** *Ah, tá! São as fórmulas químicas. Deveria estar demonstrando alguma substância.*
>
> ***Evy:*** *Sim, mas era em Biologia. Acho que foi na primeira aula dele.*
>
> ***Pesquisadora:*** É isso, porque no início do 1º ano, vocês estudaram a composição química dos seres vivos. Aí, provavelmente, foram os carboidratos, que a gente fala da glicose...
>
> ***Evy:*** *Eu acho que era isso mesmo* (Dinâmica conversacional 1).

Nesta parte da conversa, destacamos novamente a ênfase de Evy para o excesso de nomes e como tudo se *embaralha na cabeça*, ratificando as dificuldades para lembrar e compreender os conteúdos de Biologia em contextos mais abrangentes. O exemplo *das letras e dos tracinhos* também é importante, pois evidencia a dificuldade de relação entre os conteúdos e da compreensão dos modelos utilizados nas ciências, nesse caso, a fórmula química apresentada pelo professor. Retomando os conteúdos que Evy indicou não saber (mencionados no início dessa subseção), temos: a composição química dos seres vivos e o metabolismo celular. Ambos os conteúdos são necessários para o estudo da fotossíntese. Além disso, as fórmulas químicas, com *as letras e os tracinhos*, são modelos utilizados para explicação da composição química dos seres vivos.

A partir das análises apresentadas, inferimos que, em razão da concepção de que aprender Biologia era difícil e, que por isso, tinha dificuldades no componente curricular, a estudante apresentava uma produção subjetiva de desinteresse e aversão pelo conteúdo estudado.

Considerando os indicadores de sentidos subjetivos, assim como as interpretações apresentas acima, elaboramos a hipótese de que Evy considerava a Biologia difícil e não acreditava em sua capacidade de aprender os conteúdos. Assim, o modo como ela subjetivava a disciplina desfavorecia a produção e mobilização de recursos subjetivos para aprender os conteúdos, como a autoconfiança, a curiosidade, a atitude crítica e reflexiva e a predisposição favorável à compreensão. Essa produção subjetiva também não contribuía para a produção e mobilização de recursos operacionais que favorecessem a mudança conceitual profunda.

Outro aspecto que interpretamos no caso de Evy foi a dificuldade para priorizar os processos de interpretação, compreensão e produção própria, em detrimento da repetição e da memorização dos conteúdos. Em um primeiro momento, verificamos que prevaleciam, na ação de aprender da estudante, os processos de reprodução e memorização dos conteúdos de Biologia. Nesse contexto, ela recorria a estratégias para decorar os assuntos. No trabalho desenvolvido com a estudante, foi possível verificar que, para estudar Biologia, um dos principais recursos operacionais que mobilizava era a repetição, com o objetivo de fixar o conteúdo. Para auxiliá-la nesse processo, outro recurso utilizado era a pesquisa de vídeos, que ela assistia repetidas vezes. Segundo Evy, os vídeos colaboravam na resolução das atividades e na fixação dos temas estudados, especialmente nos períodos avaliativos. Vejamos os trechos a seguir:

> ***Aprendo*** *Com aqueles vídeos do YouTube que uma mão escreve e desenha sobre o assunto.*
>
> ***Quando tenho dúvidas*** *Assisto vídeos no YouTube* (Evy, Complemento de frases).
>
> ***Pesquisadora:*** Mas aí, quando você pesquisa no YouTube, na internet, você acha que te ajuda?
>
> ***Evy:*** Sim, porque eu vejo o mesmo assunto várias vezes. Isso vai se repetindo. E alguma coisa vai ficando na cabeça. Aí a gente consegue fazer as atividades, entender (Dinâmica conversacional 1).
>
> *Como (o que) você faz para aprender Biologia?*
>
> ***Evy:*** *Desenho, faço mapa mental e assisto muitos e muitos vídeos* (Instrumento escrito "O que eu estudei, o que eu sei, o que eu ainda não sei e o que eu gostaria de saber sobre biologia?").

Compreendemos que pesquisar na internet, quando tinha dúvidas, e assistir a vídeos eram estratégias de estudo significativas para Evy. Essas estratégias compunham o repertório de recursos dela e auxiliavam na aprendizagem. Entretanto, muitas vezes, a estudante mantinha o foco na repetição dos vídeos, com o intuito de memorizar. Também empregava a pesquisa na internet para resolver as atividades de forma muito mais reprodutiva, não avançando para um processo interpretativo daquilo que consultava, com vistas a elaborar suas próprias respostas. Esse processo de aprendizagem, que caracterizamos como reprodutivo-memorístico, estava sendo suficiente para Evy, tendo em conta seu objetivo voltado para manutenção das boas notas.

Nesse movimento, formulamos o indicador de que a aprendizagem reprodutivo-memorística engendrada por Evy, para estudar Biologia, resultava em excelentes notas e aprovação no componente curricular, favorecendo a produção subjetiva de satisfação em relação ao seu desempenho. Assim, faltava o tensionamento para avançar rumo a aprendizagens mais sofisticadas.

Como vimos nos itens anteriores, Evy era uma estudante esforçada e dedicada aos estudos, e que se empenhava para manter um excelente rendimento escolar. Durante o ensino remoto emergencial, por exemplo, ela passou a utilizar instrumentos de organização (o quadro de avisos na parede e o aplicativo no celular) para auxiliá-la na resolução das atividades, a fim de não perder os prazos. Após o retorno para o ensino presencial, voltamos a falar sobre sua organização para estudar, conforme transcrevo a seguir.

> ***Pesquisadora:*** Tem uma coisa, Evy, que me chamou bastante atenção na tua forma de estudar, que é a tua organização. *Eu achei que você é bem organizada. Durante o ensino remoto, você falou que tinha um quadro na parede, que ia colocando as atividades. Aí, como está essa organização agora?*
>
> ***Evy:*** *Eu estava mais organizada no primeiro bimestre, por causa do desespero, né? Tipo, voltou ao normal. Agora vai ter prova. Eu fiquei desesperada, aí eu estava bem organizada. Só que o quadro da parede, ele caiu, professora. Aí não tem mais como utilizar ele. Só o aplicativo do celular mesmo. Mas eu ainda continuo com a agenda lá pra colocar certinho os trabalhos, para eu não esquecer.*
>
> ***Pesquisadora:*** Você sempre teve essa organização desde que você estuda? Como foi que começou essa preocupação de se organizar?
>
> ***Evy:*** *Sim, por causa das datas de entrega para não perder. Não fazer em cima da hora. Pra conseguir conciliar certinho. Ver o grau de dificuldade de cada coisa e colocar lá. Tem coisas fáceis,*

> *que eu não preciso fazer no mesmo dia, eu posso começar primeiro as mais difíceis. Ir me preparando pra fazer no decorrer do tempo, já que o que for mais fácil, eu consigo fazer em um dia* (Dinâmica conversacional 2).

O movimento de estudos de Evy tinha, portanto, como foco principal, não perder os prazos das atividades e manter o desempenho que ela considerava adequado. Assim, a partir das análises realizadas e considerando as informações construídas durante a pesquisa, produzimos o indicador de que Evy se empenhava para cumprir as demandas, produzindo ou mobilizando recursos de organização, planejamento e autorregulação a fim de realizar as atividades nos períodos estabelecidos pela escola, atendendo ao que estava normatizado institucionalmente. O empenho de Evy também era uma forma de obter o reconhecimento da mãe e cumprir as exigências estabelecidas desde a educação infantil.

Desse modo, no caso da Biologia, a estudante mantinha os processos de memorização e reprodução dos conteúdos, uma vez que esse tipo de aprendizagem estava garantindo a aprovação nas avaliações. No entanto, quando se tratava dos processos de compreensão do conteúdo, Evy não avançava para a produção ou a mobilização de recursos subjetivos e/ou operacionais que lhe conferissem autonomia e protagonismo em sua ação de aprender. Na dinâmica conversacional, Evy comentou a respeito do seu aprendizado de Biologia, quando perguntei como ela imaginava que seria o resultado de uma prova com os conteúdos do 1º e do 2º ano.

> *Eu acho que eu me sairia mal, porque tem muito conteúdo que eu não aprendi de verdade. Conteúdos que eu só via e fazia a prova. Eu acho que, a maioria dos conteúdos, eu tenho um conceito. Mas uma coisa mesmo para fazer um prova, eu acho que não tiraria uma nota boa, não. Eu me lembro de vários detalhes. Eu consigo pescar na memória algumas coisas, mas, aprender mesmo, eu acho que não aprendi* (Evy, Dinâmica conversacional 3).

Os indicadores apresentados anteriormente, analisados em conjunto com as informações construídas na investigação, possibilitaram a formulação da hipótese de que a manutenção do excelente rendimento escolar era uma fonte de sentidos subjetivos de satisfação, especialmente pelo reconhecimento obtido por ser considerada uma boa estudante. De maneira geral, Evy se expressava como agente nos seus estudos escolares. Contudo, a aprendiz não expressava a condição de sujeito em sua ação de aprender Biologia.

Nesse contexto, a Biologia estava entre os componentes curriculares de que Evy não gostava. Ela estudava para conseguir o que ela denominava de *nota aceitável*. No entanto, havia decidido que iria prestar o vestibular para o curso de Medicina Veterinária e, por isso, passou a sentir-se no dever de aprender Biologia, apesar das dificuldades que apresentava: *eu acho que eu quero ser veterinária. Aí, eu vou ter que aprender de qualquer jeito. Eu vou ter que lidar com essas partes difíceis. Ter que lembrar nomes, lembrar um monte de coisa* (Evy, Dinâmica conversacional 1).

Dessa forma, elaboramos o indicador de que o desejo de ser veterinária impulsionava Evy a estudar Biologia e a buscar superar as dificuldades que ela acreditava que possuía para aprender os conteúdos do componente curricular. Nesse contexto, ela aceitou participar das Bioficinas e, no decorrer das atividades, observei algumas mudanças na estudante em relação a sua motivação para estudar e para aprender.

De início, a partir das interpretações do caso de Evy e do acompanhamento realizado com a estudante, notamos que o retorno ao ensino presencial foi importante, mobilizando sentidos subjetivos de satisfação e gerando motivação para estudar. Nesse contexto, em relação à Biologia, elaboramos um indicador de mudança na configuração subjetiva da ação de aprender, indicando que Evy produziu novos sentidos subjetivos, associados à disposição para compreender o conteúdo e contextualizá-lo, resolvendo as tarefas de maneira mais reflexiva e esforçando-se para expressar as próprias explicações.

A respeito do processo de contextualização dos conteúdos, falamos o seguinte:

> ***Pesquisadora:*** *Em um dos nossos instrumentos escritos, eu perguntei sobre a Biologia. Quando te interessava estudar Biologia. Aí você respondeu que é quando desperta sua curiosidade. Então, eu quero saber o que desperta a tua curiosidade na Biologia?*
>
> ***Evy:*** *Eu acho que, geralmente, alguma coisa ligada com a minha vivência. Por exemplo, eu comecei a cuidar de plantas. Aí, eu me lembro de quando a gente estava estudando os grupos, ano passado, angiosperma, gimnosperma. Aí eu ficava pensando: "Hum, a minha samambaia é o que? Ela precisa de muita água ou de pouca água?" Eu ficava prestando atenção para não deixar minhas plantinhas morrerem* (Dinâmica conversacional 3).

No excerto acima, destacamos a importância que Evy conferiu ao assunto, tendo em vista sua atividade pessoal com o cuidado de plantas. Ela deu uma atenção diferenciada ao conteúdo, buscando compreendê-lo a fim de cuidar melhor das suas plantas. Este episódio evidenciou a relevância de que os conteúdos ministrados tenham, de algum modo, relação com a vida e com os interesses dos estudantes. Por isso, importa considerar a singularidade de cada um no processo de aprendizagem, ainda que estejamos ensinando um conteúdo científico. No caso de Evy, quando os temas estudados eram mais próximos da sua realidade, a estudante apresentava maior motivação para compreender, em detrimento de memorizar.

Em relação à realização das tarefas, Evy passou a se esforçar mais para responder às questões de forma espontânea, buscando utilizar suas próprias palavras. Em uma das aulas regulares de Biologia, quando realizavam um estudo dirigido, uma das perguntas solicitava que escrevessem sua opinião. Ao ler a resposta da amiga Raquel, Evy comentou: *Está errado! Você só reafirmou o que está escrito no texto. Ela quer que a gente escreva com as nossas palavras.* Vejamos a resposta da participante em um dos instrumentos escritos que realizamos no último encontro das Bioficinas presenciais:

> *Como você explicaria o funcionamento do corpo humano, considerando o que foi discutido até o momento?*
> *O nosso corpo tem vários sistemas que são interdependentes. Enquanto estamos fazendo qualquer coisa, o nosso corpo fica trabalhando. Para andar, por exemplo, não usamos apenas o sistema muscular. Usamos os nosso esqueleto para nos mantermos em pé. Respiramos através do sistema respiratório. O sistema cardiovascular é, na minha opinião, o mais importante. O coração é responsável por bombear o sangue pelo corpo, sem ele morreríamos* (Evy, instrumento escrito "Retomando o problema: como funciona o corpo humano?").

Outro indicador que formulamos, a respeito das mudanças identificadas no caso de Evy, foi quanto à produção de novos sentidos subjetivos de segurança e autoconfiança para se expressar, perguntando e respondendo a questionamentos, tanto durante as Bioficinas quanto nas aulas regulares.

Nas Bioficinas, as estudantes consideravam que estavam entre iguais, ou seja, todas apresentavam dificuldades de aprendizagem em Biologia. Evy mencionou em uma das nossas conversas informais: *Aqui não tem ninguém melhor do que ninguém, professora.* Esse sentimento era diferente daquele produzido nas aulas regulares, onde havia estudantes na turma com maior facilidade para se expressar. Assim, durante as Bioficinas, Evy gradativamente foi aumentando sua participação, e passou a atuar ativamente nas discussões propostas assim como perguntar livremente quando apresentava dúvidas. No entanto, interessa destacar que também observamos esta mudança nas aulas regulares de Biologia. Evy parecia mais confiante e menos constrangida para fazer perguntas à professora e responder eventuais questionamentos.

Nesse contexto, construímos o indicador referente à produção de novos recursos subjetivos na relação com os colegas de turma, especialmente com o fortalecimento do vínculo com as outras participantes das Bioficinas. Os excertos a seguir, analisados com outras informações da pesquisa, auxiliaram nessa interpretação.

> ***Pesquisadora:*** Evy, se você fosse fazer uma avaliação, o que você acha que precisaria mudar ou melhorar? No geral, não só da aprendizagem, mas de outras coisas que você queira falar.
>
> ***Evy:*** *Não sei, acho que eu tinha que socializar mais. A senhora está certa, eu fico muito sozinha.*
>
> ***Pesquisadora:*** Foi curioso, porque eu tinha lido no teu complemento de frases, aí eu observei na sala. Você acha que precisa ter uma interação maior? Mas por quê?
>
> ***Evy:*** É, eu interajo com o povo de lá, mas eu não faço muita questão (Dinâmica conversacional 2).
>
> *Na escola, agora, eu mudei de lugar. Antes eu sentava para um lado e a senhora percebeu daquela vez, né? Era só eu e a Raquel de meninas de um lado. Só que agora eu mudei de lugar, eu já tenho mais contato com as outras meninas. Principalmente, a Sofia e a Alice* (Evy, Dinâmica conversacional 3).

Ao longo do processo, Evy produziu sentidos subjetivos que favoreceram as relações entre as colegas da turma. Consideramos que a convivência e o compartilhamento de experiências durante as Bioficinas foram importantes para o fortalecimento dos vínculos, os quais permaneceram após o encerramento das atividades.

Além disso, Evy considerou que aprendeu alguns temas novos e compreendeu melhor outros que havia estudado anteriormente. No trecho em destaque, ela comentou a esse respeito.

> ***Pesquisadora:*** *Para você, Evy, o que é aprender Biologia?*
>
> ***Evy:*** *Eu acho que é quando a gente entende mesmo, quando a gente vê alguma coisa sem ser ligada à matéria. Sem ser, necessariamente, estudando, a gente consegue relacionar a um assunto que a gente viu, significa que a gente realmente aprendeu. Que realmente ficou na nossa cabeça. Que não foi somente um assunto que a gente passou o olhou, conseguiu decorar para uma prova, uma atividade e já foi, não lembro mais de nada. Eu acho que, quando a gente realmente aprende, a gente consegue associar com coisas do dia a dia. Alguém fala uma coisa difícil, aí, eu consigo: Ah, é isso! E eu não conseguiria entender se eu não tivesse aquele entendimento na cabeça, de verdade.*
> *E Biologia é bem importante, porque é... principalmente a parte do corpo humano, né? Porque é a nossa vida mesmo. É o que a gente é. Aí, a pessoa fala alguma coisa, tipo, eu até falei pra senhora, que a minha mãe falou: "Ah, tu precisas ir no endocrinologista". E eu sei que se ela tivesse falado antes, eu não ia saber o que é isso. Ia ter que pesquisar, perguntar. Mas eu acho que eu consegui relacionar o que eu tinha estudado, porque ficou realmente na minha cabeça, porque eu entendi. Então, significa que eu realmente aprendi. É uma coisa bem legal: realmente, aprender* (Dinâmica conversacional 3).

A percepção de Evy a respeito do conteúdo, considerando que aprendeu alguns assuntos, dispondo-se a compreender o que lhe é ensinado e buscando caminhos para contextualizar os conteúdos, também favoreceu a produção subjetiva da estudante em relação a autoconfiança em sua capacidade de aprender Biologia, auxiliando no processo de superação das dificuldades de aprendizagem.

Assim, diante dos indicadores elaborados e das informações construídas ao longo do processo investigativo, formulamos a hipótese de que ocorreu mudança na configuração subjetiva da ação de aprender Biologia de Evy, mediante a produção de novos sentidos subjetivos, favorecedores do processo de superação das dificuldades de aprendizagem da estudante. Essa produção subjetiva abriu caminho para mobilização de recursos operacionais, como o esforço para contextualizar os conteúdos e apresentar elaborações próprias acerca do que estudava.

O Quadro 4 expõe a síntese das hipóteses e indicadores sobre os sentidos subjetivos produzidos durante a ação de aprender Biologia de Evy.

Quadro 4 – Síntese das hipóteses e dos indicadores sobre os sentidos produzidos durante a ação de aprender Biologia de Evy

HIPÓTESES	INDICADORES
1) Evy considerava a Biologia difícil e não acreditava em sua capacidade de aprender os conteúdos. Assim, o modo como ela subjetivava a disciplina desfavorecia a produção e mobilização de recursos subjetivos para aprender os conteúdos, como a autoconfiança, a curiosidade, a atitude crítica e reflexiva e a predisposição favorável à compreensão. Essa produção subjetiva também não contribuía para a produção / mobilização de recursos operacionais, que favorecessem uma mudança conceitual profunda.	a) Para Evy, aprender Biologia, era semelhante a reproduzir e memorizar o conteúdo, evitando processos de interpretação, compreensão e a produção própria. b) Ela concebia os estudos da Biologia como uma obrigação e lançava mão de processos reprodutivo-memorísticos, o que assegurava o seu bom rendimento nas avaliações. c) Em razão da concepção de que aprender Biologia era difícil e, que por isso, tinha dificuldades no componente curricular, a estudante apresentava uma produção subjetiva de desinteresse e aversão pelo conteúdo estudado.
2) A manutenção do excelente rendimento escolar era fonte de sentidos subjetivos de satisfação, especialmente pelo reconhecimento obtido por ser considerada uma boa estudante. De maneira geral, Evy se expressava como agente nos seus estudos escolares. Contudo, a aprendiz não expressava a condição de agente e/ou sujeito em sua ação de aprender Biologia.	a) A aprendizagem reprodutivo-memorística engendrada por Evy para estudar Biologia resultava em excelentes notas e aprovação no componente curricular, favorecendo a produção subjetiva de satisfação em relação ao seu desempenho. Assim, avançava para aprendizagens mais sofisticadas. b) Evy se empenhava para cumprir as demandas, desenvolvendo ou mobilizando recursos de organização, planejamento e autorregulação, a fim de realizar as atividades nos períodos estabelecidos pela escola, atendendo ao que estava normatizado institucionalmente. O empenho de Evy era uma forma de obter o reconhecimento da mãe e cumprir as exigências estabelecidas desde a educação infantil. c) Evy produzia sentidos subjetivos de satisfação pois alcançava as notas almejadas em Biologia. Contudo, não avançava na produção / mobilização de recursos subjetivos e/ou operacionais que lhe conferissem autonomia e protagonismo em sua aprendizagem, inviabilizando a emergência da condição de sujeito pela estudante.

HIPÓTESES	INDICADORES
3) Ocorreu mudança na configuração subjetiva da ação de aprender Biologia de Evy, diante da produção de novos sentidos subjetivos favorecedores do processo de superação das dificuldades de aprendizagem da estudante. Essa produção subjetiva abriu caminho para mobilização de recursos operacionais, como o esforço para contextualizar os conteúdos e apresentar elaborações próprias acerca do que estudava.	a) O desejo de ser veterinária, impulsionava Evy a estudar Biologia e a buscar superar as dificuldades que ela acreditava que possuía para aprender os conteúdos do componente curricular. b) Produção de novos sentidos subjetivos associados à disposição para compreender o conteúdo e contextualiza-lo, para resolver as tarefas de maneira mais reflexiva e esforçando-se para expressar a própria explicação. c) Produção de novos sentidos subjetivos de segurança e autoconfiança para se expressar, perguntando e respondendo questionamentos, tanto durante as Bioficinas, quanto nas aulas regulares. d) Produção de novos sentidos subjetivos na relação com os colegas de turma, especialmente com o fortalecimento do vínculo com as participantes das Bioficinas.

Fonte: Bezerra (2023)

4.2.2 Maroca: *"Biologia, um dia vou lhe entender por completa, sua linda"*

Maroca morava com a mãe, o padrasto, um irmão de 18 anos e outro de quatro anos. Seu pai morava em outro estado há 10 anos, e eles tinham contato regular, embora Maroca nunca tivesse ido visitá-lo. Ela ingressou no ensino médio com 15 anos (2020). Quando iniciamos a pesquisa, ela tinha 16 anos (2021), e, ao final das atividades, ela estava com 17 (2022). A aprendiz cursou todo ensino fundamental (do 1º ao 9º ano) em uma mesma escola pública da cidade em que morava.

Em relação à Biologia, na autoavaliação, Maroca apontou ter dificuldades para aprender os conteúdos, mas não tinha interesse em participar de um projeto para auxiliá-la na aprendizagem do componente curricular. Mesmo assim, aceitou o convite e passou a frequentar as Bioficinas. A estudante tinha participação assídua nos encontros síncronos no período virtual e, quando não conseguia participar, acessava a sala de aula virtual, estudava os materiais disponíveis, assistia às gravações e respondia às atividades propostas. Na dinâmica conversacional, realizada após quatro meses do início do projeto, Maroca mencionou que desejava continuar participando das Bioficinas, inclusive quando passássemos a ter os encontros presenciais.

Nas Bioficinas virtuais, Maroca não costumava se manifestar pelo microfone, nunca ligou a câmera e, às vezes, se manifestava pela janela de mensagens escritas. Na dinâmica conversacional, a participante falou livremente ao microfone, foi bastante receptiva e divertida durante a conversa e apresentou vários detalhes sobre os assuntos que conversamos. Também tivemos algumas conversas esporádicas via aplicativo e mensagens instantâneas. Nas Bioficinas presenciais, ela participava ativamente das discussões, perguntando e expressando suas opiniões e ideias sobre os temas abordados.

Na dinâmica conversacional 1, Maroca relatou que, nos dois primeiros bimestres apresentou um bom rendimento nos componentes curriculares que estava cursando no 1º ano. Ela explicou que cumpria as tarefas solicitadas pelos professores, contudo, o volume de atividades e os prazos estabelecidos demandavam um grande trabalho de organização e, às vezes, finalizava algumas atividades no limite dos prazos. Também não tinha tempo para estudar para as provas antecipadamente.

Na análise documental do boletim de Maroca, constatamos que ela possuía excelentes notas, tanto no 1º quanto no 2º ano, com destaque para Física, Economia, Geografia, História e Metodologia do Trabalho Científico. A estudante não possuía notas abaixo da média estabelecida pela instituição (70 pontos), sendo que as menores pontuações que obteve no 1º ano foram em Artes, Biologia e nas disciplinas específicas da área técnica. Já no 2º ano, as menores notas foram em Biologia e Filosofia.

Cabe ressaltar que, embora Maroca estivesse conseguindo atender às demandas de rendimento e dentro do período normatizado (bimestres letivos) pela instituição escolar, a própria estudante informou que possuía dificuldades para aprender Biologia. Maroca estudava os assuntos da disciplina sempre antes das avaliações e buscava memorizar o máximo de conteúdo possível que, segundo ela, depois era esquecido facilmente. No decorrer da pesquisa e das interações realizadas com Maroca, observamos que ela apresentava dificuldades de aprendizagem que mereciam ser investigadas, por isso a estudante permaneceu como um dos casos do presente trabalho.

4.2.2.1 Os sentidos subjetivos relacionados à história de vida de Maroca

Maroca tinha o sonho de se formar e mudar de estado ou de país. Na dinâmica conversacional, falamos sobre esse sonho de se mudar do Amapá. Ela contou que o pai saiu do estado em busca de uma melhor situação de vida e, segundo a estudante, ele conseguiu:

> *Meu pai, ele saiu daqui em busca da melhora e ele disse que lá ele encontrou. Ele tá muito bem e, hoje em dia, ele tem a casa dele. Ele não estudava, ele tá estudando, tá trabalhando. Papai tem quase 60 anos, 58 anos. Começou a estudar ano passado. Coisas que aqui, o meu pai, eu acho que ele nunca teria oportunidade, porque nunca sobrava tempo. Sempre tinha que estar correndo atrás e agora conseguiu sobrar tempo para ele, para estudar* (Maroca, Dinâmica conversacional 1).

O desejo de mudar do Amapá era inspirado, então, na mudança do pai, que buscou melhores condições de vida e, segundo Maroca, alcançou somente depois que saiu do estado, inclusive conseguindo tempo para estudar, o que não havia realizado antes. Além disso, compreendemos que a vontade de morar em outro estado também se relacionava à saudade que ela sentia do pai. A seguir, algumas expressões de Maroca:

> ***Eu sinto*** *saudade do papai.*
>
> ***Tenho saudade*** *do meu pai.*
>
> ***Eu mudaria*** *de cidade/país.* (Maroca, Complemento de frases).
>
> ***Pesquisadora:*** *Você falou, também, que gostaria de mudar de país ou cidade. Para onde você gostaria de ir?*
>
> ***Maroca:*** **Eu queria ir morar com** *meu pai, professora (falou em tom de confidência).*
>
> ***Maroca:*** **A senhora diz que o estado [perguntando sobre o estado que o pai dela mora] lá é melhor do que aqui? A estrutura dele?**
>
> ***Pesquisadora:*** **Olha, eu não conheço [...].** *Mas as pessoas que falam de lá, dizem que tem uma excelente estrutura* (Dinâmica conversacional 1).

Analisando essas falas e considerando outras informações elaboradas durante a pesquisa, formulamos o indicador de que a saudade e a distância do pai eram fonte de sentidos subjetivos de insatisfação com a sua realidade, gerando, em Maroca o desejo de mudança de estado. Mesmo com esse desejo, a participante entendia que não poderia ir embora naquele momento e que somente com uma formação adequada realizaria seus desejos e metas. Por esse motivo, ela considerava sua formação tão importante. No excerto a seguir, transcrevemos um comentário de Maroca a esse respeito:

> *Eu cheguei a pensar: eu não pretendo sair do Amapá, do Estado ou do país e ir para outro lugar enquanto eu estiver no IFAP. Enquanto não terminar o IFAP, porque eu tenho certeza que depois que eu terminar vai abrir várias portas. Não somente aqui dentro, mas fora, também. Pode ser meio que uma passagem para eu ir e não voltar mais [risos]* (Maroca, Dinâmica conversacional 1).

Nesse sentido, Maroca se empenhava nos estudos, buscando cumprir todas as demandas exigidas e manter boas notas nos componentes curriculares. A partir da importância que ela atribuía aos estudos, relacionada com seus objetivos de vida, produzimos o indicador de que, para realizar seus sonhos e metas, a aprendiz entendia que precisava obter o melhor desempenho possível na escola. Por isso, produzia sentidos subjetivos de esforço e empenho em relação aos estudos.

A participante se reconhecia como uma estudante esforçada, que gostava de estudar e considerava a educação como essencial para melhorar de vida, realizar seus sonhos, ter um futuro e mudar de estado ou de país. Vejamos, algumas expressões da participante:

> ***Dedico meu maior tempo*** *estudando.*
>
> ***Sou um (a) estudante*** *esforçada.*
>
> ***Dou atenção*** *nos estudos.*
>
> ***Meu maior sonho*** *me formar.*
>
> ***O IFAP*** *é minha esperança...* (Maroca, Complemento de frases).
>
> ***Pesquisadora:*** *Para você, o que significa ter um futuro? O que é ter um futuro pra ti?*
>
> ***Maroca:*** **Um futuro, assim, professora. Eu acho que... Eu acho, não, tenho certeza. Para eu ter um bom futuro, eu tenho que estudar. É a única coisa que... Eu não sei o que eu quero para o meu futuro, mas eu só quero estudar, ter um emprego bom, uma profissão boa, só isso** (Dinâmica conversacional 1).

Essas expressões, articuladas com as obtidas em outros instrumentos, reforçavam a ideia de que, para Maroca, o sucesso nos estudos era uma condição fundamental para a realização dos seus sonhos e metas para o futuro. Interpretamos que, por esse motivo, a estudante demandava um esforço significativo para sempre obter um bom desempenho na escola.

Em contrapartida, na interpretação das informações, articuladas a outros instrumentos da pesquisa, também percebemos a produção de sentidos subjetivos relativos à insegurança, gerados na relação entre a ansiedade de acertar e o medo de fracassar na escola, com repercussões em suas realizações futuras. As expressões a seguir auxiliaram nesta interpretação:

> ***Quando eu erro*** *choro.*
>
> ***Nos dias de prova*** *me seguro para não desequilibrar.*
>
> ***Muitas vezes, reflito*** *no meu futuro.*
>
> ***Quando penso no futuro*** *sinto medo.*
>
> ***O que mais me preocupa*** não ter um futuro (Maroca, Complemento de frases).

Diante dessas informações, produzimos o indicador de que a relevância que Maroca atribuía aos estudos favorecia um processo de autocobrança, que muitas vezes expressava o medo de falhar e não realizar os sonhos que tinha em mente.

Tendo em vista as interpretações e os indicadores de sentidos subjetivos apresentados, construímos a hipótese de que a produção subjetiva de esforço e empenho nos estudos, com vistas a melhorar as condições socioeconômicas e mudar de estado ou país, tinha sua gênese na relação com o pai, com importantes desdobramentos em seu processo de aprendizagem.

Entender como Maroca relacionava os estudos anteriores de Biologia, realizados no ensino fundamental, com os estudos atuais também nos ajudou a construir os indicadores sobre a concepção de aprendizagem do componente curricular. Abordamos o tema durante a dinâmica conversacional:

> ***Pesquisadora:*** *E antes do ensino médio? Lá no fundamental. Tu estudastes alguma coisa? Por que vocês tinham a disciplina de ciências, né? No fundamental. E aí, tu estudastes alguma coisa que tinha relação com a biologia? Você lembra se era mais fácil?*

> **Maroca:** *Não, professora. Tipo, era mais assim baseado na parte de ciências mesmo. Em relação à biologia, não. Foi só no último bimestre do último ano, do nono ano, que veio ter uma breve introdução, assim. Mas só que não foi de cara. Eu imaginava, assim, comecei a ter uma... Apesar de ser parecido, né, o conteúdo? Mas eu fui ver a realidade mesmo quando eu entrei no IFAP. Aí eu achei bem mais complicado do que a ciência normal.*
>
> **Pesquisadora:** *Mas assim, quando você diz: o conteúdo de ciências. Tu lembras algum conteúdo. Algum assunto que vocês estudaram lá no fundamental, em qualquer ano?*
>
> **Maroca:** *Humm... a parte do corpo humano, assim, o básico do básico* (Dinâmica conversacional 1, grifos nossos).

Por meio da análise do trecho acima, articulada às expressões de outros instrumentos, compreendemos que Maroca não identificava relações entre os conteúdos estudados no ensino fundamental com os do ensino médio. Ela admitia que havia semelhanças entre os assuntos dos dois níveis de ensino, mas considerava que o estudo no ensino fundamental era *baseado na parte de ciências mesmo*. Já o estudo da Biologia no ensino médio, ela considerava *bem mais complicado do que a ciência normal*. Vale salientar que Maroca não reconheceu a Biologia como integrante da área Ciências da Natureza. Além disso, a estudante teve certa dificuldade para lembrar, por exemplo, de algum conteúdo estudado no ensino fundamental, mencionando o corpo humano e indicando que os estudos foram básicos.

Dessa forma, considerando as informações apresentadas, interpretadas em conjunto com aquelas produzidas nos outros instrumentos da pesquisa, elaboramos o indicador de que Maroca considerava Ciências difícil e acreditava ter dificuldades pois não compreendia os conteúdos.

Vejamos, agora, um trecho de quando Maroca lembrou de uma atividade sobre célula que realizou no ensino fundamental.

> **Pesquisadora:** *E essa aula aqui? (Visualizando a imagem de uma discussão em grupo, utilizando um modelo de célula animal).*
>
> **Maroca:** *Ah, professora, eu não gostava muito, não, porque...! Ah, não, eu pensei que era cartolina. Eu ia dizer que, geralmente, era eu que escrevia. Eu cheguei a fazer uma maquete da eucarionte. A gente chegou a usar massinha de modelar e a gente derreteu vela para fazer a base. Compramos um isopor. A gente juntou um monte, um monte de gente para formar aí e*

> *desenhar as células. Eu achei legal, quando a gente fez uma maquete parecida com essa.*
>
> ***Pesquisadora:*** *No fundamental ou no IFAP?*
>
> ***Maroca:*** **Foi no fundamental** (Dinâmica conversacional 1).

Nesta conversa sobre a imagem apresentada, Maroca imediatamente lembrou da maquete sobre a célula eucarionte que construiu no ensino fundamental, ou seja, provavelmente ela estudou sobre células naquele nível de ensino. Célula era o mesmo conteúdo que ela estava estudando no 1º ano do ensino médio. Destacamos que ela não mencionou este assunto quando perguntamos, anteriormente, sobre os temas da Biologia que ela havia estudado antes. Analisemos, agora, o seguinte comentário da participante:

> *Eu tinha muitas notas boas no fundamental. Mas eu já tinha dificuldade em Ciências. Eu não gostava. Mas eu sempre estudava antes das provas. As outras, às vezes, eu nem precisava estudar. Mas Ciências, tinha pelo menos que olhar o caderno. Eu decorava e fazia as provas* (Maroca, Dinâmica conversacional 2).

Diante das análises e expressões acima, produzimos o indicador de que Maroca memorizava os assuntos para as avaliações, alcançava boas notas e era considerada uma excelente estudante, produzindo sentidos subjetivos de satisfação em relação ao bom rendimento escolar. Nesse contexto, a estudante valorizava o seu bom desempenho nas avaliações, mesmo reconhecendo que não estava aprendendo.

Considerando os indicadores apresentados, formulamos a hipótese de que a aprendizagem de Biologia de Maroca no ensino médio refletia a maneira como vivenciou os estudos de ciências no ensino fundamental, sem uma implicação emocional, favorecendo uma produção subjetiva de desinteresse pelo componente curricular. Na sequência, o Quadro 5 contém a síntese dos indicadores e hipóteses apresentados anteriormente.

Quadro 5 – Síntese das hipóteses e dos indicadores sobre os sentidos subjetivos associados à história de vida de Maroca

HIPÓTESES	INDICADORES
1) A figura paterna exercia uma forte influência na produção subjetiva da estudante, com importantes desdobramentos nos seus planos para o futuro.	a) A saudade e a distância do pai eram fonte de sentidos subjetivos de insatisfação com a sua realidade, gerando o desejo de mudança de estado. b) Para realizar seus sonhos e metas, a aprendiz entendia que precisava obter o melhor desempenho possível na escola, por isso produzia sentidos subjetivos de esforço e empenho em relação aos estudos. c) A relevância que ela atribuía aos estudos, favorecia um processo de autocobrança, que muitas vezes, expressava o medo de falhar e não realizar os sonhos que tinha em mente.
2) A aprendizagem de Biologia de Maroca, no ensino médio, refletia a maneira como vivenciou os estudos de ciências no ensino fundamental, sem uma implicação emocional, favorecendo uma produção subjetiva de desinteresse pelo componente curricular.	a) Considerava Ciências difícil e acreditava ter dificuldades, pois não compreendia os conteúdos. b) Memorizava os assuntos para as avaliações, alcançava boas notas e era considerada uma excelente estudante, produzindo sentidos subjetivos de satisfação em relação ao bom rendimento escolar. Nesse contexto, a estudante valorizava o seu bom desempenho nas avaliações, mesmo reconhecendo que não estava aprendendo.

Fonte: Bezerra (2023)

4.2.2.2 Os sentidos subjetivos associados à subjetividade social da escola

No processo investigativo realizado com Maroca, identificamos alguns elementos da subjetividade social que favoreciam a produção de sentidos subjetivos, os quais contribuíam para expressão das dificuldades de aprendizagem da estudante. Um ponto relevante, mencionado por ela e transcrito a seguir, foi sobre o ingresso na instituição.

> *Quando eu estudava no fundamental, eu conseguia fechar a nota anual, sem perder um décimo em nenhuma matéria. As minhas favoritas eram Matemática e Português. Era o básico pra mim: estudar, estudar, estudar. Eu até tinha essa dificuldade com Biologia, mas era menor, porque eu tinha o controle da maioria, aí eu estudava para as que eu precisava. Quando eu*

> *entrei para o IFAP, foi uma sobrecarga bem maior. Eu já tinha que me preocupar com Matemática, já não era uma área que eu dominava 100%, porque estava vindo coisas que eu precisava entrar muito no ritmo para acompanhar e também já tinha que me preocupar com várias matérias. Eu tinha 7 e agora eram 10 a mais. Foi muito mais difícil. Eu não conseguia levar no ritmo que eu levava* (Maroca, Dinâmica conversacional 2).

Na escola do ensino fundamental, Maroca se destacava como uma das melhores estudantes. Em uma das nossas conversas informais, ela comentou que, sempre que encontrava os professores da antiga instituição, eles ainda lembravam de seu desempenho. Isso era motivo de orgulho para Maroca. No ensino médio, porém, em razão das altas demandas e do volume de tarefas, suas notas diminuíram. Desse modo, considerando essas informações, interpretadas em conjunto com as dos outros instrumentos, produzimos o indicador de que o ingresso no ensino médio impactou a produção subjetiva de Maroca em razão das diferenças com o ensino fundamental, onde era reconhecida como uma excelente estudante, e ao ensino médio, em que não conseguia alcançar o mesmo reconhecimento, obtendo notas que considerava inferiores.

Conforme mencionado anteriormente, no IFAP, a cultura do desempenho era valorizada tanto por professores quanto por estudantes. O mesmo acontecia na antiga escola de Maroca. Nesse processo, a obtenção de notas altas era de extrema importância, gerando ansiedade nos estudantes em geral, principalmente nos períodos avaliativos.

> *Logo quando a gente entrou, a gente estudou bem pouco. Menos de um bimestre. A gente nem chegou a fazer prova. Quando eu vi o primeiro dia de integral, foi uma segunda-feira. Eu queria era voltar correndo pra casa. Não estava aguentando mais tanto professor [...] Eu já não queria mais voltar no outro dia. Eu ficava pensando, será que vou dar conta? E eu tinha medo das provas, porque naquela época, ainda era do método do simulado, com todas as turmas misturadas* (Maroca, Dinâmica conversacional 2).

A partir da fala da aprendiz, analisada em articulação com outras informações da pesquisa, formulamos o indicador de que a valorização da cultura de alto desempenho pelas escolas (ensino fundamental e ensino médio) favorecia, em Maroca, a produção de sentidos subjetivos de insegurança diante da grande quantidade de atividades no ensino médio. Nesse contexto, em relação ao período do ensino remoto emergencial, Maroca comentou:

> *Aí, no EAD foi moleza, o que eu não sabia, buscava na internet, estava tudo lá. Pesquisava uma vídeoaula, aprendia. Eu fiquei esses dois anos me perguntando, e quando viesse o presencial? Um ano letivo de presencial, será que eu ia conseguir? Fiquei me pressionando muito com isso. Porque para quem sempre queria dar o melhor e conseguia fazer o melhor, era bem puxado* (Maroca, Dinâmica conversacional 2).

Nesse sentido, construímos o indicador de que Maroca apresentava uma produção subjetiva de satisfação em relação às avaliações do período de ensino remoto emergencial, que considerava mais fáceis. Com o retorno ao presencial, ela passou a produzir sentidos subjetivos de insegurança em relação às avaliações bem como às exigências pessoais que demandava nos seus estudos.

Maroca gostava muito de estar na escola. Era o local onde ela estudava, mas também onde ela se divertia, encontrava os melhores amigos e treinava no time de futsal. No período de ensino remoto emergencial, além do cansaço, ela tinha dificuldades para acompanhar as aulas em razão de precisar resolver situações domésticas, especialmente no momento dos encontros síncronos. Durante uma das nossas conversas, ela relatou:

> *Ano passado, no EAD, eu não conseguia ficar o tempo todo nas aulas, acontecia alguma coisa em casa, alguma situação, a mamãe me chamava, eu tinha que resolver. Na aula não, às vezes acontece vontade de ir no banheiro, mas quando volta, continua lá com aquilo na tua frente e realmente prendendo a tua atenção. Não tem como fugir dali. No EAD fica disperso, fica vago* (Maroca, Conversa informal).

Quando estava na escola, Maroca conseguia entregar as atividades nos prazos e não acumulava trabalhos ou provas. No período de ensino remoto, passou por momentos de atraso ou entregas de trabalhos muito próximas dos prazos, em razão de atividades que, às vezes, precisava realizar em casa e porque se dispersava facilmente. Diante das análises dessas informações, produzimos o indicador de que Maroca produzia sentidos subjetivos desfavoráveis em relação ao ensino remoto emergencial, pois preferia estar na escola, onde se concentrava melhor para estudar.

Ainda a respeito das aulas no período da pandemia de Covid-19, Maroca explicou:

> *Só que foi puxado, algumas matérias como Biologia eu deixei pra trás. Literalmente, eu deixei pra trás mesmo. Quando a senhora veio, na aula do professor Tony, eu não entendia nada*

> *de Biologia. Aí eu entrei lá para o projeto e fiquei até o final. Agora, amanhã é o último dia e quando eu abro o meu Suap e vejo que está tudo bem, que eu tenho 90 pontos na maioria. Tem média que está 100% anual, e mesmo com Biologia, que é a única abaixo de 90, não está tão ruim. Eu consegui* (Maroca, Dinâmica conversacional 2).

Considerando os indicadores e as análises acima, formulamos a seguinte hipótese: a relação com a escola do ensino médio, considerando a organização escolar e o período de ensino remoto emergencial, contribuía para uma produção subjetiva desfavorável à aprendizagem de Biologia, pois a aprendiz privilegiava os estudos dos componentes curriculares de seu interesse.

A turma das aulas regulares de Maroca era dividida em grupos, e já haviam ocorrido alguns conflitos entre eles. Maroca, uma adolescente muito sociável e divertida, transitava entre todos os grupos, mas tinha uma amiga mais próxima (B.), com quem sempre estava. Assim como na turma de Evy, na sala de Maroca também tinham aqueles alunos mais participativos nas aulas de Biologia:

> [...] *Na minha sala também tem um pessoal assim. Eles querem falar mais que a professora. Aí, a gente que não sabe nada, fica voando. Eu me sinto muito burra. Sem nem entender o que a professora explicou. Quando em não sei o que ela está falando, eu pergunto para a B. e ela me explica"* (Maroca, conversa informal).

Como normalmente demorava para compreender os conteúdos ministrados pela professora, ou não os compreendia em razão das dificuldades que apresentava, a estudante não se manifestava e não se sentia à vontade para perguntar diretamente à professora. A partir dessas informações e das observações em sala de aula, elaboramos o indicador de que Maroca sentia-se constrangida em relação aos colegas da turma, não se expressava nas aulas de Biologia apresentando uma produção subjetiva de inferioridade em razão das suas dificuldades de compreensão dos conteúdos.

Para Maroca, as relações que estabelecia com o professor também eram fonte de sentidos subjetivos que poderiam favorecer ou não a aprendizagem. No caso das aulas de Biologia, a adolescente não possuía afinidade com o componente curricular e acreditava que possuía dificuldades para aprender os conteúdos. Em razão disso, ela abandonou os estudos de Biologia. Muitas vezes, não assistia às aulas, deixando para estudar apenas às vésperas das avaliações.

Dessa forma, elaboramos o indicador de que a estudante apresentava uma produção subjetiva de desinteresse e aversão em relação às aulas de Biologia, dificultando uma relação mais próxima com o professor, que pudesse auxiliá-la na superação das dificuldades de aprendizagem.

Perante os indicadores apresentados, formulamos a hipótese de que a subjetividade social da sala de aula favorecia a produção subjetiva de timidez, insegurança e sentimento de inferioridade, obstaculizando a expressão da aprendiz nas aulas de Biologia e intensificando suas dificuldades para aprender. O Quadro 6, a seguir, contém a síntese dos indicadores e hipóteses discutidos na presente subseção.

Quadro 6 – Síntese das hipóteses e dos indicadores sobre os sentidos subjetivos associados à subjetividade social da escola

HIPÓTESES	INDICADORES
1) A relação com o IFAP, considerando a organização escolar e o período de ensino remoto emergencial, contribuía para uma produção subjetiva desfavorável à aprendizagem de Biologia, uma vez que a aprendiz privilegiava os estudos dos componentes curriculares de seu interesse.	a) O ingresso no IFAP impactou a produção subjetiva de Maroca em razão das diferenças com o ensino fundamental, onde era reconhecida como uma excelente estudante, e ao ensino médio, em que não conseguia alcançar o mesmo reconhecimento, obtendo notas que ela considerava inferiores. b) A valorização da cultura de alto desempenho pelas escolas (ensino fundamental e IFAP) favorecia, em Maroca, a produção de sentidos subjetivos de insegurança em relação às demandas elevadas de atividades no ensino médio. c) Produção subjetiva de satisfação em relação às avaliações do período de ensino remoto emergencial, que considerava mais fáceis. Com o retorno ao presencial, ela passou a produzir sentidos subjetivos de insegurança em relação às avaliações, bem como às exigências pessoais que demandava nos seus estudos. d) Produzia sentidos subjetivos desfavoráveis em relação ao ensino remoto emergencial, pois preferia estar na escola, onde se concentrava melhor para estudar.

HIPÓTESES	INDICADORES
2) A subjetividade social da sala de aula favorecia a produção subjetiva de timidez, insegurança e sentimento de inferioridade, inviabilizando a expressão da aprendiz nas aulas de Biologia e intensificando suas dificuldades para aprender.	a) Maroca sentia-se constrangida em relação aos colegas da turma e não se expressava nas aulas de Biologia, apresentando uma produção subjetiva de inferioridade em razão das suas dificuldades de compreensão dos conteúdos. b) Apresentava uma produção subjetiva de desagrado em relação à professora e às aulas de Biologia, pois acreditava que ela era mais atenciosa com os estudantes mais participativos, inviabilizando uma relação mais próxima que pudesse auxiliá-la na superação das dificuldades de aprendizagem.

Fonte: Bezerra (2023)

4.2.2.3 Os sentidos subjetivos produzidos durante a ação de aprender Biologia e as mudanças subjetivas identificadas no caso de Maroca

A concepção que Maroca possuía da aprendizagem de Biologia reunia importantes indicadores de sentidos subjetivos que contribuíam para a configuração subjetiva da ação de aprender da estudante. Iniciando pelo modo como a participante caracterizava a aprendizagem de Biologia, vejamos o seguinte trecho da dinâmica conversacional:

> ***Pesquisadora:*** *Eu queria que você falasse um pouco sobre essa sua relação com a biologia. As dificuldades que você acha que você sente... em que exatamente?*
>
> ***Maroca:*** *Eu acho que os assuntos, os nomes. Acho que são bem complexos e fogem um pouco da memória. Eu não consigo fixar. Eu acho até mais complexo do que a matemática, por que a matemática tem até um certo padrão. Um mais um é dois... e biologia, não! Eu não consigo manter um padrão, porque eu não consigo fixar os nomes. Então, eu posso até estudar um bimestre sobre aquele assunto, mas quando chega no outro, se tiver relação com aquilo, eu posso ter uma breve lembrança, assim. Mas eu não vou conseguir lembrar por completo, porque eu não consigo. Eu tenho que estudar e fixar os nomes. Aí, às vezes, eu misturo. Eu sei o que é a função de alguma coisa em relação a outra, mas o nome eu não consigo fixar. Eu acho que é isso que me prejudica muito* (Dinâmica conversacional 1).

Para Maroca, era necessário *fixar* todos os nomes, processos, funções, relações entre estruturas e funções, enfim, todo conteúdo de Biologia. A partir desse trecho, analisado com outras expressões da estudante, elaboramos o indicador de que, para Maroca, a aprendizagem da Biologia estava centrada na reprodução e memorização dos conteúdos. Ela aprendia Biologia quando memorizava *os nomes*, ou seja, os termos técnicos do componente curricular. Interessa destacar que a estudante restringia sua dificuldade para aprender Biologia ao fato de não conseguir fixar os nomes.

Diante da ênfase no processo de memorização do conteúdo, foi possível inferir que a concepção de aprendizagem de Biologia da aprendiz se aproximava de processos reprodutivo-memorísticos. No instrumento escrito *Como eu estudo/aprendo Biologia?*, onde perguntamos como avaliava sua aprendizagem no componente curricular (superficial ou profunda), ela indicou considerar "*superficial, repetitiva e baseada na memorização*". Como mencionado anteriormente, ela informou que, mesmo memorizando os conteúdos para as atividades avaliativas, terminava por esquecê-los rapidamente.

De acordo com Mitjáns Martínez e González Rey (2012), os estudantes produzem sentidos subjetivos diversos no processo de aprendizagem, inclusive do tipo reprodutivo-memorístico, evidenciando o caráter ativo e intencional, mesmo que seja no esforço para decorar a tabuada, por exemplo. O desempenho do estudante pode produzir sentidos subjetivos, "inclusive com carga emocional vivenciada positivamente quando vai percebendo que está atingindo sua meta e se sente orgulhoso e reconhecido por isso" (p. 62). No caso de Maroca, identificamos o esforço para memorizar o conteúdo de Biologia, gerando satisfação diante das notas obtidas, ainda que ela esquecesse as informações após as avaliações.

Contudo, mesmo mantendo o bom rendimento, de acordo com Maroca: *Biologia continua sendo minha maior dificuldade, professora* [...] *Foi a minha menor nota nesse ano* (Maroca, Dinâmica conversacional 2). Desse modo, considerando as análises apresentadas, construímos o indicador de que a aprendizagem de Biologia de Maroca era reprodutivo-memorística, resultando em boas notas, diante dos processos avaliativos estabelecidos institucionalmente. Mesmo assim, ela produzia sentidos subjetivos de insatisfação em relação ao seu rendimento, pois Biologia era o componente curricular em que possuía as menores notas.

Vejamos agora a fala de Maroca sobre a Matemática, que era o componente curricular preferido dela:

> **Pesquisadora:** *Aí, você falou ainda agora, e lá no seu complemento de frases, você também disse, que gosta de Matemática, né? Você disse que a disciplina que você mais gosta é Matemática. Tu achas mais fácil? Assim, como é aprender Matemática para você?*
>
> **Maroca:** *Assim, em questão dos números eu tenho mais facilidade, uma facilidade melhor para entender. Lidar com números. Assim, acho que eu também, às vezes, eu trabalho com venda. Aqui em casa, mamãe vende açaí, e tal. Aí facilita muito. Eu tenho a facilidade de pensar mais rápido em questão de números e o professor de Matemática ele facilita muito. Ele é muito atencioso. Ele facilita muito e eu consigo me dar super bem com Matemática* (Dinâmica conversacional 1).

Quando Maroca falou da sua relação com a Matemática, foi possível verificar dois aspectos: o trabalho com a venda de açaí, em que ajudava a mãe, e a relação com o professor. Verificamos, então, que Maroca tinha uma implicação emocional com a Matemática, que, para ela, tinha relação com uma atividade que desenvolvia em casa, o que poderia estar promovendo a produção de sentidos subjetivos que favoreciam a aprendizagem do componente curricular. No caso da Biologia, não identificamos momentos em que a estudante associasse o conteúdo estudado com experiências da sua história de vida. Como visto anteriormente, sua preocupação com a Biologia era *fixar os nomes*. A análise destas informações nos permitiu elaborar o indicador de que Maroca não mobilizava ou produzia recursos subjetivos e operacionais para personalizar o conteúdo de Biologia e/ou relacioná-los com outros contextos.

Um momento específico no qual as dificuldades de Maroca em Biologia ficavam evidentes era nos períodos avaliativos. Eram comuns os relatos da aprendiz a respeito das questões discursivas das provas, que ela geralmente deixava em branco, por não conseguir respondê-las.

> *Eu não consigo dizer, por vários aspectos que eu já falei pra senhora. A questão da nomenclatura, às vezes porque as coisas são, uma ligada com a outra, confunde, muda um nome. Por mais que na minha cabeça, às vezes eu saiba, mas eu sempre vou confundir com a outra. Se for, tipo, de marcar, eu consigo me sair bem, pela questão da eliminatória, porque quanto mais eu leio, eu vou lembrando, aí vai organizando a ideia. Eu vou por eliminatória e consigo tirar nota boa assim. Mas se for tudo discursiva, sem consulta, eu não consigo* (Maroca, Dinâmica conversacional 2).

As observações do caso de Maroca, junto com as análises e informações apresentadas, permitiram a formulação do indicador de que o processo de memorização prejudicava a produção e expressão de suas próprias ideias sobre os conteúdos estudados, além de não favorecer a expressão da condição de agente/sujeito nem as aprendizagens compreensiva e criativa.

A partir destas análises e dos indicadores apresentados, articulados com as informações da pesquisa, elaboramos a hipótese: o foco na memorização e na reprodução dos conteúdos, em detrimento da interpretação, compreensão e produção, desfavorecia a expressão da condição de agente/sujeito na sua ação de aprender Biologia.

Nesse contexto, a Biologia era um componente curricular com o qual Maroca não se identificava, e ela relatava ter dificuldades para aprender os conteúdos, embora considerasse que precisava aprendê-los. A cobrança pelo melhor desempenho que Maroca se impunha, em razão da esperança que depositava nos estudos, gerava sentidos subjetivos desfavoráveis à aprendizagem e promoviam a expressão das suas dificuldades.

Especificamente em relação à Biologia, a estudante indicou, na autoavaliação, que considerava seu rendimento mediano, que gostava razoavelmente do componente curricular e que *tinha dificuldade, mas conseguia aprender quando estudava*. Quando conversamos, perguntamos se ela considerava o componente curricular importante. Segue um trecho do diálogo:

> ***Pesquisadora:*** *Tu achas que o conhecimento da biologia é importante? Assim, mesmo com essa dificuldade que você tem em relação aos nomes, tal, ao conteúdo. Mas o conhecimento da disciplina, assim, tu achas que é importante?*
>
> ***Maroca:*** *Com certeza, professora. E é por isso que eu me cobro muito e me sinto culpada ao ponto de... como é que eu posso dizer. De não entender. Não botar para fixar os nomes. Porque eu sei que lá na frente eu vou precisar e, vai que dá um branco, eu não lembro e acabo misturando, eu quero tentar fixar o máximo* (Dinâmica conversacional 1).

Esta resposta de Maroca indicou a importância que a estudante atribuía aos estudos. Quando ela falou: *Porque eu seu que lá na frente eu vou precisar* [...], se referiu aos processos seletivos para ingresso no ensino superior e ao ENEM. Por isso, embora não simpatizasse com a Biologia e expressasse dificuldades para aprender o conteúdo, Maroca se esforçava e demonstrava interesse para melhorar sua aprendizagem. Novamente, a ênfase na autocobrança pelo melhor desempenho, agora aparecendo em relação à Biologia, e considerando a necessidade de *fixar* o máximo de conteúdo possível.

Tomemos como exemplo o fato de que Maroca, mesmo com dificuldade para aprender os conteúdos de Biologia, inicialmente informou não estar disposta a participar das Bioficinas. Entretanto, após o convite e a explicação da proposta, ela passou a frequentar os encontros, com uma participação assídua e interessada. Essa modificação na opinião de Maroca em relação à participação no projeto, indicou a preocupação da estudante com a sua aprendizagem, procurando e aceitando as alternativas disponíveis para melhorar seu desempenho escolar. Outra observação importante foi que Maroca relatou estar com uma sobrecarga de atividades avaliativas demandadas pelos componentes curriculares. Analisemos o seguinte trecho da dinâmica conversacional:

> *Tenho um problema, também, que eu não consigo arrumar tempo para estudar. Tipo assim: eu estou sem nenhum trabalho para fazer, eu vou estudar para tal matéria. Aí eu não consigo também. Então, eu faço os trabalhos e eu estudo na base dos trabalhos. Tipo, se tiver trabalho. Por exemplo, hoje, eu tenho trabalho de metodologia para entregar até meia-noite e hoje eu passei o dia todo estudando metodologia. Amanhã, tenho prova de química. Então, amanhã, provavelmente, eu vou passar o dia todo estudando química* (Maroca, Dinâmica conversacional 1).

A participação nas Bioficinas era voluntária e ocorria fora dos horários regulares das aulas. É importante destacar o relato da estudante de que não estava com tempo para estudar e realizar as atividades dos componentes curriculares com a antecedência que desejava. Ainda assim, ela conseguiu disponibilizar um tempo para participar das Bioficinas (ou assistir às gravações quando não podia participar, no caso da modalidade virtual). Além disso, sempre respondia às atividades e instrumentos propostos, mesmo não contando como avaliação para as atividades regulares da escola.

Embora Maroca não tivesse interesse pelo componente curricular, elaboramos o indicador de que ela desejava superar as dificuldades que possuía para aprender os conteúdos, pois acreditava que, no futuro, esses conhecimentos seriam importantes, especialmente para os processos seletivos de ingresso no ensino superior. Novamente, o destaque para relação entre o sucesso nos estudos e as realizações futuras, sempre demandando esforço por parte da estudante, visando não falhar na realização das avaliações e na obtenção das notas necessárias para aprovação.

Nesse sentido, interpretamos que Maroca apresentava, por um lado, o que Pozo e Gómez Crespo (2009) denominam como motivação extrínseca para estudar, em que o interesse do estudante é externo ao conhecimento científico. Segundo os autores citados (p. 41): [...] o que faz com que o aluno se esforce não é a ciência, mas as consequências de ser aprovado ou não. Neste caso, o aluno orienta-se para ser aprovado (ou, inclusive, para obter a melhor nota) mais do que para compreender e dar sentido ao que está estudando.

Por outro lado, nos termos da teoria da subjetividade, González Rey (2006) explica que a motivação não é externa ou extrínseca ao processo de aprender. Os motivos não podem ser analisados como unidades isoladas que influenciam a ação humana. Os sentidos subjetivos são sistemas motivacionais que nos permitem demonstrar o envolvimento afetivo do estudante na aprendizagem, "não apenas pelo seu vínculo concreto nela, mas como produção de sentidos que implica, em uma configuração única, sentidos subjetivos, emoções e processos simbólicos resultantes de subjetivação que integram aspectos da história individual [...] (Rey, 2006, p. 34).

No caso de Maroca, notamos que ela não possuía um vínculo concreto com o estudo da Biologia. Para a aprendiz, estudar os conteúdos do componente curricular era importante, principalmente, para obter as aprovações bimestrais, não parecendo ser tão importante compreender profundamente o que estava sendo estudado. Esta característica se aproxima das afirmações de Pozo e Gomez Crespo (2009). Contudo, a configuração subjetiva de aprender também leva em conta as produções subjetivas dos variados contextos do estudante, para além da atividade que está sendo realizada. Desse modo, construímos o indicador de que a produção subjetiva da aprendiz, a respeito da necessidade de se formar no ensino médio e obter aprovação para o ensino superior, exercia forte influência na mobilização de recursos subjetivos e operacionais para os estudos da Biologia. Nesse movimento, identificamos, no decorrer da pesquisa, mudanças em relação à produção subjetiva no processo de aprender Biologia de Maroca.

Inicialmente, observamos, no acompanhamento das aulas, a mobilização de sentidos subjetivos de autoconfiança e segurança para se expressar e fazer perguntas, tanto nas Bioficinas, quanto nas aulas regulares de

Biologia. Maroca passou a se manifestar nas Bioficinas, perguntando e emitindo opiniões. Além disso, a estudante adquiriu mais confiança para se manifestar nas aulas regulares. Algumas vezes, ela fez perguntas à professora durante as explicações e, em outros momentos, foi até a mesa para tirar dúvidas e solicitar orientações para atividades.

Maroca também passou a realizar as atividades de forma reflexiva, buscando elaborar suas próprias respostas demonstrando uma produção subjetiva de predisposição à compreensão. Em uma das aulas regulares de Biologia, ela levou o caderno até a professora e pediu que lesse as suas repostas em uma atividade que estava respondendo. Após a leitura, Maroca enfatizou que ela mesma tinha elaborado a explicação, baseando-se na leitura do texto. A estudante comentou: *A senhora entendeu professora? Foi eu que escrevi. Está orgulhosa de mim?*.

Diante das informações e dos indicadores apresentados, formulamos a hipótese de que ocorreram mudanças na configuração da ação de aprender Biologia de Maroca, favorecendo o processo de superação de suas dificuldades de aprendizagem. A seguir, observemos o Quadro 7, que contém a síntese dos indicadores e hipóteses discutidos anteriormente.

Quadro 7 – Síntese das hipóteses e dos indicadores sobre os sentidos subjetivos produzidos durante a ação de aprender Biologia de Maroca

HIPÓTESES	INDICADORES
1) Foco na memorização e na reprodução dos conteúdos, em detrimento da interpretação, da compreensão e da produção própria do conhecimento da Biologia, desfavorecendo a expressão da condição de agente/sujeito na sua ação de aprender Biologia.	a) Para Maroca, a aprendizagem da Biologia estava centrada na reprodução e memorização dos conteúdos. b) A aprendizagem de Biologia de Maroca era reprodutivo-memorística, resultando em boas notas diante dos processos avaliativos estabelecidos institucionalmente. Mesmo assim, ela produzia sentidos subjetivos de insatisfação em relação ao seu rendimento, pois Biologia era o componente curricular em que possuía as menores notas. c) Maroca não mobilizava ou produzia recursos subjetivos e operacionais para personalizar o conteúdo de Biologia e/ou relacioná-los com outros contextos. d) O processo de memorização obstaculizava a produção/expressão das ideias próprias sobre os conteúdos estudados e não favorecia a expressão da condição de agente/sujeito nem as aprendizagens compreensiva e/ou criativa.

HIPÓTESES	INDICADORES
2) Ocorreram mudanças na configuração da ação de aprender Biologia de Maroca, favorecendo o processo de superação das dificuldades de aprendizagem da estudante.	a) Ela desejava superar as dificuldades que possuía para aprender os conteúdos de Biologia, pois acreditava que, no futuro, esses conhecimentos seriam importantes, especialmente para os processos seletivos de ingresso na educação superior. b) A produção subjetiva da aprendiz a respeito da necessidade de se formar no ensino médio e obter aprovação para o ensino superior exercia forte influência na mobilização de recursos subjetivos e operacionais para os estudos da Biologia. c) Mobilização de sentidos subjetivos de autoconfiança e segurança para se expressar e fazer perguntas, tanto durante as Bioficinas quanto nas aulas regulares de Biologia. d) Realização das atividades de forma reflexiva, buscando elaborar suas próprias respostas demonstrando uma produção subjetiva de predisposição à compreensão.

Fonte: Bezerra (2023)

4.2.3 Sofia: "*Eu não vejo como isso* [a Biologia] *acontece na vida real*"

Sofia era filha única e, na ocasião da pesquisa, morava com a mãe, a avó e uma prima. Nasceu no estado do Amapá e sempre viveu na mesma cidade. A participante ingressou no ensino médio aos 15 anos (2020). No início das atividades de campo, tinha 16 (2021) e, ao final do trabalho, estava com 17 (2022). Estudou todo o ensino fundamental em uma escola da rede pública do município em que morava e tinha o sonho de ser psicóloga. Sofia se considerava uma estudante mediana, muito esforçada e que dedicava grande parte do seu tempo aos estudos. Quanto ao componente curricular Biologia, apontou, no instrumento de autoavaliação, que tinha grandes dificuldades e não conseguia aprender os conteúdos da disciplina. Desse modo, aceitou participar das Bioficinas, pois enxergou uma oportunidade de melhorar seu aprendizado no componente curricular.

Nas Bioficinas virtuais, Sofia interagia sempre pelo chat da plataforma, mostrando-se participativa e assídua. Respondia às atividades propostas, assistia às gravações quando não podia comparecer aos encontros síncronos, acessava os materiais na sala de aula virtual e sempre avisava no caso de imprevistos. Nas Bioficinas presenciais, também se manteve assídua e colaborava nas discussões, emitindo opiniões e fazendo perguntas. Demonstrava interesse, curiosidade e vontade de compreender os temas abordados. Nas dinâmicas conversacionais, a participante se expressou livremente sobre diversos aspectos de sua vida, o mesmo ocorrendo nos momentos informais, tanto presenciais quanto por meio de aplicativo de mensagens instantâneas.

A partir da análise dos boletins de Sofia, observamos que suas notas foram ótimas durante os dois primeiros anos do ensino médio. No 1º ano, destacou-se em Matemática, História e Geografia, nas quais obteve a média máxima de 100 pontos. Em contrapartida, na disciplina Química, alcançou a média mínima para aprovação, 71 pontos. No 2º ano, Sofia manteve as boas notas, com excelente rendimento em componentes curriculares como Empreendedorismo, Física e Noções de Direito. Além disso, as notas de Química melhoraram consideravelmente. Matemática e Educação Física foram as disciplinas em que obteve as menores notas, precisando realizar recuperação no 2º bimestre. Em Biologia, Sofia também obteve um excelente rendimento, tanto no 1º quanto no 2º ano.

As notas obtidas por Sofia no componente curricular Biologia evidenciaram que a estudante estava cumprindo os requisitos acadêmicos nos períodos letivos determinados pela escola. No entanto, assim como apresentado nos casos de Evy e Maroca, a análise do boletim escolar, por si só, não representava a aprendizagem plena dos conteúdos atitudinais, procedimentais e conceituais de Biologia. Sofia relatava ter dificuldades para aprender o que estudava, especialmente em relação aos processos de contextualização.

No desenvolvimento da pesquisa, constatamos que, além das dificuldades para contextualizar os temas estudados, a participante também não conseguia aprender conteúdos mais complexos, em razão de não ter compreendido conceitos básicos e associava a aprendizagem de Biologia à memorização. Salientamos que, mais do que a obtenção de notas adequadas para aprovação, esses aspectos são essenciais no que diz respeito à aprendizagem dos conteúdos do componente curricular.

4.2.3.1 Os sentidos subjetivos relacionados à história de vida de Sofia

A configuração subjetiva da ação de aprender integra produções subjetivas históricas e atuais, sendo importante conhecer como ocorre a mobilização dessas produções e suas repercussões no momento da aprendizagem. No caso da pesquisa apresentada neste livro, buscamos investigar e interpretar os desdobramentos das produções subjetivas da história de vida de Sofia no seu processo para aprender Biologia.

Na escola do ensino fundamental, Sofia estabeleceu importantes vínculos afetivos de amizade. Analisando aspectos de sua história de vida, verificamos a importância que essa escola teve para ela, especialmente a respeito das relações que criou nesse período. Os amigos com quem possuía maior ligação eram os oriundos dessa época. Também foi nesse espaço que manteve relacionamentos próximos com professores e dirigentes, podendo, inclusive, auxiliar na ajudar a colegas que enfrentavam diversos problemas.

> ***Pesquisadora:*** *Você escreveu (no complemento de frases) que sempre que pode, gosta de ajudar as pessoas a sua volta, que na outra escola ajudava os colegas...*
>
> ***Sofia:*** *É, na outra escola era assim. Todos os problemas, eu que carregava (risos). Era muito engraçado. Eu mudei um pouco essa minha personalidade de me intrometer na vida dos outros. Mas eu ainda fico pensando na minha cabeça: eu não faço muito mais do que eu fazia antes. Mas, às vezes, eu fico pensando: ah, será que eu vou lá conversar? Vou perguntar se está tudo bem? Eu era muito assim na minha antiga escola. Eu acho, porque nessa época eu estava passando pela coisas, eu me sentia mais "coisa" com as outras pessoas que estavam passando, mais ou menos, pelas mesmas coisas. Acho que, por isso, que eu conversava muito mais com elas. Tipo, eu era muito próxima da vice-diretora da escola e ela me perguntava o que as pessoas estavam passando. Tinha muita gente que eu conhecia e eu conversava com muita gente, então. Eu acho que era mais porque eu estava nessa época aí* (Dinâmica conversacional 2).

As "coisas" pelas quais Sofia relatou estar passando, ainda na época do ensino fundamental, incluíam a separação dos pais (mãe e pai adotivo), associada a um quadro de depressão e de ansiedade, que resultaram na necessidade de acompanhamento psicológico e na utilização de medicamentos controlados. Antes da separação, a participante morou com a mãe e o pai adotivo por aproximadamente 10 anos. Após a separação, ela e a mãe foram morar com a avó e uma prima. Sofia explicou:

> *Mas, tipo, eu tenho o meu pai biológico e também tenho o meu pai adotivo, vamos dizer assim, que ele me adotou. Ele era o marido da minha mãe. Eles moraram muito tempo juntos, sei lá, quanto tempo, uns dez anos. Depois que eles se separaram, eu vim morar com a minha avó e tudo mais* (Dinâmica conversacional 2).

Quando se tratava do relacionamento familiar, Sofia manifestava uma carência afetiva, evidenciada principalmente nas relações com a mãe, o pai adotivo e o pai biológico. Sobre o tema, a estudante escreveu no complemento de frases: *Minha família* é *bagunçada*. Nessa direção, ao abordar questões a respeito da convivência familiar, durante a dinâmica conversacional, Sofia relatou como se sentia em relação aos vínculos afetivos na família, começando sobre o relacionamento com a mãe:

> *Aí, a minha mãe. Deixa eu ver, a minha mãe. A gente não tem um relacionamento tão bom assim. Mas, às vezes, eu tento. Eu sei que eu sou muito fechada, eu não consigo demonstrar sentimentos. Eu acho que eu já falei pra senhora isso. A minha mãe, ela muito menos, sabe? Quando eu era criança, ela não era muito afetiva comigo também. Eu nunca tive muito esse negócio de ser muito coisa com ela, quando eu era criança. Acho que isso representa o que eu sou hoje. Eu não consigo demonstrar muitos sentimentos. Aí, depois, quando eu cresci mais, que a minha mãe foi ficar mais afetiva comigo. Mas eu não consigo, porque eu não tive isso quando era criança. Acho que é por isso que eu não consigo tanto* (Sofia, Dinâmica conversacional 2).

Sobre o relacionamento com os pais biológico e adotivo, a participante explicou:

> *Falando do meu pai biológico, no caso, eu não tenho um relacionamento muito bom com ele, porque pra mim, ele não é ninguém. Ele não é meu pai na minha cabeça. Não é uma pessoa que eu considere ser meu pai.*
> *Meu pai adotivo nunca foi uma pessoa muito afetiva, nem de demonstrar sentimentos, esse tipo de coisa. Mas, por outro lado, eu tenho ele como um pai, assim, pra mim. Na minha cabeça, ele foi a pessoa que me criou, então, é ele. Não era tão presente, porém, foi a única imagem paterna que eu tive* (Sofia, Dinâmica conversacional 2).

De acordo com os excertos destacados acima, Sofia considerava o padrasto, e não o pai biológico, como seu pai. Entretanto, reclamava a falta de uma relação afetiva mais profunda, tanto com ele quanto com sua mãe. Ela considerava que não tinha se relacionado afetivamente de uma forma intensa com a mãe quando era pequena, e agora, mesmo com as tentativas da mãe, não conseguia fazer isso. Nesse sentido, a estudante se caracterizava como uma pessoa fechada, que não conseguia demonstrar sentimentos, tendo em vista esses relacionamentos familiares sem ligações afetuosas intensas. Desse modo, considerando as expressões destacadas, analisadas em conjunto com informações de outros instrumentos, formulamos o indicador de que Sofia produzia sentidos subjetivos de insatisfação em relação aos vínculos familiares mais próximos.

Analisemos, agora, as seguintes expressões do complemento de frases de Sofia:

> ***Gosto quando*** *me abraçam.*
>
> ***Sempre que posso*** *Tento ajudar as pessoas.*
>
> ***Fico feliz quando*** *Vejo ações de carinho.*
>
> ***Não gosto*** *De pessoas hipócritas* (Sofia, Complemento de frases).

Em nossa análise, compreendemos que essas informações divergiam da característica de pessoa fechada, incapaz de demonstrar sentimentos, com a qual Sofia se identificava. Diante dessas ideias, produzimos o indicador de que, em contraste com o descontentamento relacionado à afetividade familiar, a adolescente produzia sentidos subjetivos de valorização das relações sociais e do contato com o outro, demonstrando a necessidade de estabelecer relacionamentos afetivos intensos.

Entre as relações sociais relevantes para Sofia, destacamos as amizades estabelecidas durante o ensino fundamental, conforme ela explicou no excerto a seguir.

> ***Pesquisadora:*** *E a tua relação com teus amigos mais próximos? Você me falou que as pessoas que você tem mais contato, são as da escola. Os teus amigos mais próximos são os do IFAP ou tem outros de outros locais que você convive?*
>
> ***Sofia:*** *Assim, quando a gente está na escola, a gente convive mais com as pessoas da escola. Mas mesmo que eu tenha amigos no IFAP, no caso, que eu ache muito legais. Eu não percebo que eu consigo me abrir muito com eles, como eu me abria com*

> *meus antigos colegas. Eu tenho outros amigos da outra escola, que eu sou mais apegada, que eu converso mais. Porque, tipo assim, a gente não se fala todo dia ou toda semana. Manda uma mensagem, vamos se ver. Mas toda vez, é a mesma coisa. É o mesmo sentimento, não muda nada. Eu acho isso muito legal* (Dinâmica conversacional 2).

As seguintes expressões, do instrumento de complemento de frases, auxiliaram na compreensão da importância dos amigos para Sofia: *Meus amigos* são meu porto seguro; *Fico animado (a) quando estou com meus amigos*. Nesse caso, tratava-se dos amigos do período do ensino fundamental, a quem era apegada por ter convivido durante muitos anos e conseguia conversar sobre vários aspectos da sua vida, pois tinham compartilhado momentos delicados e significativos de sua história de vida. Além disso, foram pessoas que vivenciaram experiências familiares difíceis, semelhantes as vivências de Sofia, e a quem ela pode ajudar e consolar, ao mesmo tempo em que era ajudada e consolada. Dessa maneira, a partir da análise dessas informações, elaboramos o indicador de que, no ensino fundamental, Sofia mantinha relações afetivas mais satisfatórias e próximas com pessoas fora da família, especialmente com os amigos da escola.

Diante da separação dos pais e da mudança para a casa da avó, Sofia experienciou momentos de tensionamento em sua produção subjetiva, que se refletiram em insatisfação com a família, afetando inclusive sua saúde, com quadros de ansiedade e depressão. Nessa fase incômoda que ela vivenciava em casa, a participante encontrava conforto e acolhimento na escola, com amigos, professores e funcionários, que estavam sempre dispostos a ajudá-la.

Dessa forma, elaboramos a hipótese de que o contexto escolar do ensino fundamental teve significativa importância para Sofia, uma vez que ofereceu o suporte necessário para que ela superasse, da melhor maneira possível, os problemas pelos quais estava passando. Nesse contexto, a estudante produzia sentidos subjetivos de dedicação e esforço nos estudos, que eram, para ela, a única forma de mudar sua realidade.

Sofia estudou na mesma escola do 1º ao 9º ano, estabelecendo vínculos de amizade que se mantinham na ocasião da realização da pesquisa. Na antiga escola, Sofia era muito querida por todos e conservava excelentes relações com os professores, servidores e gestores da instituição. Nessa etapa de ensino, os conteúdos de Biologia eram ministrados no componente curricular de Ciências. Nas dinâmicas conversacionais, buscamos explorar o significado dessas experiências para Sofia.

> ***Pesquisadora:*** Sofia, eu queria que você falasse um pouco se você tem alguma lembrança de quando você estudou Ciências no ensino fundamental.
>
> ***Sofia:*** *Eu acho que no fundamental, eu já tinha dificuldade, porém, a professora desenhava. Mesmo que o desenho dela fosse muito estranho, ela desenhava e aquilo me ajudava muito. Eu sempre tive notas boas também, no fundamental. Mesmo como Ciências, na época, as minhas notas eram, relativamente, boas* (Dinâmica conversacional 2).

A primeira lembrança de Sofia em relação aos estudos de Ciências no ensino fundamental se referiu à professora que desenhava, com quem ela estudou do 6º ao 9º ano. Diante disso, realço dois aspectos que consideramos possuir importantes repercussões na ação de aprender Biologia da participante. Primeiro, a metodologia adotada pela professora (com ênfase nos desenhos), que, de acordo com Sofia, a auxiliou no aprendizado dos conteúdos. Segundo, a relação de afetividade estabelecida com a professora nos quatro anos de convivência.

Em relação à metodologia, conversamos o seguinte:

> ***Pesquisadora:*** *No ensino fundamental, você estudava Ciências. E aí você tinha um pouco de Física, um pouco de Química e um pouco de Biologia. Você conseguia aprender bem?*
>
> ***Sofia:*** *No fundamental, na verdade, eu não conseguia fazer relação. Mas até que eu entendia mais do que aqui, eu acho. Eu também tinha umas notas boas. Porque a minha professora ela meio que, sei lá, ela desenhava e ela explicava pra gente de um jeito diferente do meu professor agora. Tipo, o jeito que a senhora explica, eu gosto, porque, sei lá, não é uma coisa parada, sabe? É bem didática e eu gosto desse tipo de coisa, a minha professora antiga também era assim* (Dinâmica conversacional 1).

Apesar de reconhecer que possuía dificuldades com os temas de Ciências desde o ensino fundamental, Sofia enfatizou que conseguia aprender alguns conteúdos, em principalmente devido aos desenhos da professora e às aulas ministradas de forma dinâmica. Nesse contexto, interpretamos que a estudante apresentava motivação para estudar Ciências, pois os métodos de ensino, bem como as interações estabelecidas com a docente, proporcionavam condições favoráveis à sua aprendizagem. Observamos ainda que ela estabeleceu algumas comparações entre a forma de ensinar da professora e dos atuais professores de Biologia. Desse modo, a partir da análise das expressões, em conjunto com outras informações da pesquisa, elaboramos o indicador de que a participante compreendia a importância do ensino para a qualidade de sua aprendizagem, valorizando as atividades que considerava contribuir para compreensão dos conteúdos de Ciências. Essa característica permanecia presente no ensino médio, no que se referia aos estudos da Biologia.

Essa associação entre a maneira como o professor ensinava e a sua aprendizagem também apareceu em relação a outros componentes curriculares que Sofia estudava, corroborando a ideia apresentada anteriormente. No complemento de frases, ela escreveu: "*Não aprendo quando me dão explicações superficiais*". Vejamos agora o seguinte excerto:

> ***Pesquisadora:*** Você acha que o ensino fundamental era mais fácil do que o ensino médio?
>
> ***Sofia:*** *Sim, muito mais fácil! Muito mais fácil! Muito! Tipo, eu era uma das melhores da sala. Mas, tipo assim, tinha professores que eram muito bons e tinha professores que não eram, sabe? Por exemplo, de Matemática teve um ano que trocou muito de professor e teve uma época que a gente ficou sem professores. Isso meio que pesou um pouco para mim. Mas aí o professor B., agora, ele compensa muito porque ele é muito bom. Eu gosto muito dele* (Dinâmica conversacional 2).

Diante do exposto, construímos o indicador de que, desde o ensino fundamental, Sofia atribuía sua aprendizagem à maneira como os professores ensinavam os conteúdos, produzindo sentimentos de satisfação em relação aos docentes quando considerava que aprendia o que lhe era ensinado.

Nessa direção, a relação com a professora de Ciências era fonte de sentidos subjetivos que favoreciam a aprendizagem de Sofia e o interesse dela pelo estudo do componente curricular, mesmo não apresentando muita afinidade e sabendo das suas limitações para aprender os temas abordados. Sobre a professora, a aprendiz comentou: "*Eu gostava muito da minha professora de Ciências. Ela era muito legal, ela explicava direito. Eu ainda lembro do negócio da mitocôndria, de energia e não sei o que mais*" (Sofia, Dinâmica conversacional 2).

A partir das expressões e análises anteriores, produzimos o indicador de que a qualidade das relações estabelecidas com a professora de Ciências era importante para a aprendizagem de Sofia, promovendo a produção de sentidos subjetivos que favoreciam a implicação da estudante com o conteúdo estudado. Conforme mencionado anteriormente, algumas vezes, a participante estabeleceu comparações espontâneas entre a professora de Ciências e os professores de Biologia. Considerando os recursos relacionais mobilizados (ou não) com esses professores (Ciências e Biologia), é importante destacar que se trataram de momentos distintos, proporcionando produções subjetivas também distintas.

No ensino fundamental, Sofia estudou com a mesma professora de Ciências que a acompanhou por quatro anos, mantendo uma relação próxima e afetiva, que se desenvolveu e se fortaleceu com o tempo vivenciado juntas, sempre na modalidade presencial. A docente utilizava desenhos que agradavam à estudante, constituindo-se como recursos importantes para sua aprendizagem.

No ensino médio, a estudante passava pelo período de transição entre as etapas de ensino, além de lidar com o ingresso em uma nova escola, que carregava uma produção subjetiva social sobre a difícil adaptação dos estudantes e os elevados níveis de exigência de desempenho. Nesse período, também ocorreu a separação do componente curricular de Ciências em Biologia, Física e Química, com um novo docente para cada matéria. Nesse contexto, Sofia avaliava o professor de Biologia comparando-o com as metodologias de sua antiga professora, concluindo que os métodos anteriores facilitavam sua aprendizagem e que agora ela tinha mais dificuldades para aprender. Importa destacar, ainda, que o tempo de convivência com o professor foi de aproximadamente um mês e meio (menos de um bimestre letivo). Após esse período, a escola passou para o ensino remoto emergencial, com todas as suas limitações relacionais, tecnológicas e metodológicas, não havendo tempo suficiente para que a participante estabelecesse uma relação de convivência com o novo professor.

Tendo em vista as construções apresentadas acima, interpretadas a partir das informações obtidas no decorrer da investigação, elaboramos o indicador de que, ao comparar a maneira como se relacionava com a professora de Ciências e o professor de Biologia, Sofia produzia sentidos subjetivos de desinteresse e insatisfação com o componente curricular estudado no ensino médio, expressando dificuldades de aprendizagem. Esse indicador evidencia, em nossa interpretação, como as produções subjetivas da história de vida (estudos de Ciências no ensino fundamental) podem repercutir na ação atual de aprender.

Apesar da relação mantida com a professora e de considerar que a metodologia adotada auxiliava na sua aprendizagem, verificamos que Sofia reconhecia a necessidade de ter vivenciado formas diferenciadas de abordagem dos conteúdos. Como discutido anteriormente, a participante valorizava as metodologias de ensino que auxiliavam o seu aprendizado. Vejamos a seguinte fala da estudante na dinâmica conversacional:

> *Eu gostava do jeito que a minha professora explicava, ensinava. Mas eu sinto falta de, sei lá, ela ter mostrado as coisas no ambiente. Porque eu conversei com alguns colegas sobre o fundamental e eles falaram que os professores levavam eles para ver as plantas, os negócios (falando de aulas práticas e visitas a outros espaços de aprendizagem). Na minha escola não tinha muito isso. Não tinha material para professora utilizar, aí ela nunca fez esse tipo de aula pra gente. Eu sinto um pouco de falta disso* (Sofia, Dinâmica conversacional 2).

Diante do relato da aprendiz e considerando as demais informações da pesquisa, inferimos que as aulas de Ciências eram ministradas, principalmente, de forma expositiva. Os desenhos eram recursos diferenciais importantes, utilizados pela professora, que facilitavam a aprendizagem da estudante. No entanto, também promoviam processos reprodutivos do que estava sendo ensinado. Vejamos o seguinte excerto de uma das falas de Sofia: *Ela (a professora de Ciências) sempre falava: Meu desenho não é bonito, mas eu vou desenhar pra vocês e vocês façam do jeito que eu estou fazendo* (Sofia, Dinâmica conversacional 2). A ênfase para que os estudantes copiassem os desenhos favorecia a compreensão de que era suficiente reproduzir e memorizar os conteúdos para se aprender Ciências. Essa ideia, gerada no ensino fundamental, manteve-se na concepção de aprendizagem de Biologia de Sofia no ensino médio.

Uma das características da aprendizagem reprodutiva-memorística é o fato de os estudantes esquecerem os conteúdos estudados. Analisemos o seguinte trecho: *Aí, no fundamental, eu acho que eu aprendia bastante coisa, só que eu não lembro muito, porque faz muito tempo* (Sofia, Dinâmica conversacional 2).

A partir dessas observações, elaboramos o indicador de que, no caso de Sofia, os desenhos da professora favoreceram, no ensino fundamental, a produção de sentidos subjetivos de interesse pelos conteúdos de Ciências. Contudo, não ocorreram aprendizagens mais complexas, como as compreensivas e/ou a criativas, uma vez que, no ensino médio, a estudante permanecia com dificuldades para aprender os conteúdos da disciplina e lançava mão de processos memorísticos para estudá-los. No contexto do ensino fundamental, Sofia memorizava e reproduzia os conteúdos de Ciências. Os desenhos a auxiliavam nesses processos, e a estudante conseguia manter o rendimento adequado no componente curricular.

Diante das análises e dos indicadores apresentados, elaboramos a hipótese de que, durante os estudos de Biologia no ensino médio, Sofia mobilizava sentidos subjetivos gerados no período do ensino fundamental. Essa produção subjetiva era constituída pela valorização da metodologia e a relação afetiva estabelecida com a antiga professora de Ciências, que eram distintas das do professor atual, e pela concepção de que a memorização era suficiente para aprender os conteúdos.

O Quadro 8, a seguir, expõe a síntese das hipóteses e indicadores sobre os sentidos subjetivos associados à história de vida de Sofia.

Quadro 8 – Síntese das hipóteses e dos indicadores sobre os sentidos subjetivos associados à história de vida, de Sofia

HIPÓTESES	INDICADORES
1) O contexto escolar do ensino fundamental teve significativa importância para Sofia, uma vez que ofereceu o suporte necessário para que ela superasse, da melhor maneira possível, os problemas pelos quais estava passando. Nesse contexto, a estudante produzia sentidos subjetivos de dedicação e esforço nos estudos, que era, para ela, a única forma de mudar sua realidade.	a) Sofia produzia sentidos subjetivos de insatisfação em relação aos vínculos familiares mais próximos. b) Em contraste com o descontentamento relacionado à afetividade familiar, a adolescente produzia sentidos subjetivos de valorização das relações sociais e do contato com o outro na escola, demonstrando a necessidade de estabelecer relacionamentos afetivos intensos. c) No ensino fundamental, Sofia mantinha relações afetivas mais satisfatórias e próximas com pessoas fora da família, especialmente com os amigos da escola.

HIPÓTESES	INDICADORES
2) Durante os estudos de Biologia, no ensino médio, Sofia mobilizava sentidos subjetivos gerados no período do ensino fundamental. Essa produção subjetiva era constituída pela valorização da metodologia e a relação afetiva estabelecida com a antiga professora de Ciências, que eram distintas das do professor atual, e pela concepção de que a memorização era suficiente para aprender os conteúdos.	a) A participante compreendia a importância do ensino para a qualidade de sua aprendizagem, valorizando as atividades que considerava contribuir para compreensão dos conteúdos de Ciências. b) Desde o ensino fundamental, Sofia atribuía sua aprendizagem à maneira como os professores ensinavam os conteúdos, produzindo sentimentos de satisfação em relação aos docentes quando considerava que aprendia o que lhe era ensinado. c) A qualidade das relações estabelecidas com a professora de Ciências era importante para aprendizagem de Sofia, promovendo a produção de sentidos subjetivos que favoreciam a implicação da estudante com o conteúdo que estava sendo estudado. d) Ao comparar a maneira como se relacionava com a professora de Ciências e o professor de Biologia, Sofia produzia sentidos subjetivos de desinteresse e insatisfação com o componente curricular estudado no ensino médio, expressando dificuldades para aprender os conteúdos. e) Os desenhos da professora, favoreceram no ensino fundamental, a produção de sentidos subjetivos de interesse pelos conteúdos de Ciências. Contudo, não ocorreram aprendizagens mais complexas, como a compreensiva e/ou a criativa, uma vez que, no ensino médio, a estudante permanecia com dificuldades para aprender os conteúdos da disciplina e lançava mão de processos memorísticos para estudá-los.

Fonte: Bezerra (2023)

4.2.3.2 Os sentidos subjetivos associados à subjetividade social da escola

Os sentidos subjetivos associados à subjetividade social, produzidos nos diferentes ambientes, incluindo a escola, também integram a configuração subjetiva da ação de aprender dos estudantes. O social, na compreensão teórica que assumimos, não determina o comportamento humano nem é um reflexo direto do mesmo. "O indivíduo, em sua condição singular, expressa a singularidade do social, constituída como vivências históricas e culturais que são diferenciadas e contraditórias em todos os espaços sociais de relação e convivência" (Campolina; Lampert; Guaritá, 2019, p. 181). No caso de Sofia, sua produção subjetiva em relação à escola tinha importantes repercussões na configuração subjetiva da ação de aprender, reverberando, algumas vezes, na aprendizagem do componente curricular Biologia, conforme apresentaremos na sequência.

Durante as Bioficinas presenciais, assim como nas observações que realizamos no espaço escolar, constatei que Sofia era uma adolescente comunicativa, extrovertida, bastante sociável e sempre rodeada pelos colegas. Em família, as relações permaneciam insatisfatórias, semelhante aos relatos do item anterior. Iniciando pelo tema das relações familiares, a aprendiz escreveu no complemento de frases: *Em casa n*ão me sinto confortável. Explorando a temática na dinâmica conversacional, ela relatou:

> [...] *Eu acho que o relacionamento em família, é mais isso. Eu sou mais próxima das pessoas de casa mesmo do que das outras pessoas. Por isso, que às vezes, eu fico incomodada quando vem outras pessoas que não são de casa, porque eu já estou acostumada com as pessoas de casa, me sinto confortável com as pessoas de casa. Aí, se tiver outras pessoas, eu fico: huuum, não quero. Mesmo que seja da família, eu ainda me sinto incomodada* (Sofia, Dinâmica conversacional 2).

Importa lembrar que Sofia se mudou com a mãe para a casa da avó após a separação dos pais. Antes disso, ela, a mãe e o pai adotivo moraram juntos por um período aproximado de 10 anos. De acordo com o fragmento destacado acima, nessa nova casa, a adolescente sentia-se, às vezes, contrariada, especialmente quando recebiam visitas de pessoas de fora, mesmo sendo parentes. Embora estivesse confortável com a pessoas da casa (a mãe, a prima e a avó), em contraste com sua personalidade extrovertida e sociável na escola, conforme mencionado inicialmente, ela não gostava das constantes visitas que muitas vezes dormiam na residência. A partir dessas ideias, elaboramos o indicador de que Sofia não reconhecia a residência da avó como sua própria casa. Por isso, produzia sentidos subjetivos de insatisfação e desconforto em relação à circunstância de precisar morar em uma casa que não era a sua.

Nesse contexto, a escola continuava sendo, para Sofia, o lugar onde ela encontrava pessoas para conversar e socializar. Vejamos o excerto da dinâmica conversacional a seguir:

> *Eu gosto de ter contato com as outras pessoas. Eu acho que é mais legal. Porque, como eu disse, eu não saio de casa. Se eu não for para escola, eu fico aqui dentro sem fazer nada. Aí, eu já percebi que eu preciso ter contato com as pessoas. Eu fico muito retraída. Por exemplo, nessas férias, com certeza, eu vou passar o dia todo sozinha no meu quarto, sem fazer absolutamente nada. Eu vou tentar estudar. Mas, de resto, eu não vou ver muitas pessoas. Então, na escola, pelo menos, eu estou vendo as pessoas, estou conversando, tendo um negócio social* (Sofia, Dinâmica conversacional 2).

O contato com os outros era muito importante para Sofia. Considerando as insatisfações relativas à família e à casa onde morava, a escola (único lugar para onde saía) era o espaço de convivência social no qual sentia-se segura e acolhida. No complemento de frases, a aprendiz expressou: *Gosto de conversar muito*; *Faço perguntas sobre as pessoas*. Nas observações realizadas, constatamos que Sofia interagia bem tanto com os colegas e professores quanto com os outros servidores da instituição. Outra observação a ser destacada é que, mesmo quando a turma de Sofia era dispensada mais cedo (por ausência de professores ou intercorrências que impossibilitassem a continuidade das aulas), a estudante permanecia na escola com os colegas. Dessa forma, elaboramos o indicador de que era no ambiente escolar que a aprendiz encontrava espaço para o contato mais próximo com os outros, produzindo sentidos subjetivos de satisfação e conforto quando estava na escola.

O trecho de dinâmica conversacional a seguir corrobora as ideias apresentadas a respeito da importância que Sofia conferia às relações com pessoas fora do seu convívio familiar.

> ***Pesquisadora:*** Você sempre foi assim? Sociável, com essa vontade de ter contato com as pessoas?
>
> ***Sofia:*** Não é uma vontade. Acho que é uma necessidade. Porque se eu não fosse assim, eu, realmente, não teria ninguém. Eu não teria nenhum amigo. Aí, depois, eu me deixo abrir. Se não, eu não teria ninguém para conversar. Eu acho que é uma necessidade de todo ser humano ter pessoas para conversar. Eu penso isso: que eu preciso, pelo menos, manter contato com as pessoas que eu conheço. Para não ficar muito sozinha (Dinâmica conversacional 2).

Os indicadores acima foram interpretados tendo em vista o contexto de ensino presencial, antes do período da pandemia de Covid-19. Sofia estava morando na casa da avó, o que não a agradava. Dessa forma, a escola era o lugar no qual sentia-se confortável e satisfeita com as relações estabelecidas. Em razão das medidas de isolamento social no período pandêmico, as aulas, quando retomadas, passaram a ocorrer na modalidade de ensino remoto emergencial, obrigando a participante a permanecer em casa. No complemento de frases, ela escreveu: *Tenho saudade de ver pessoas*; *O IFAP foi um pouco decepcionante*; e *O ensino médio* não está sendo bom. Conversamos sobre o assunto na dinâmica conversacional:

> ***Pesquisadora:*** No complemento de frases, você escreveu que o ensino médio não está muito bom. Por quê?
>
> ***Sofia:*** *Eu acho que foi porque a gente está na pandemia e eu gostaria de estar na escola. Tipo, a escola sempre foi o único lugar onde eu saí, entendeu? Então, depois da pandemia fiquei muito solitária, digamos assim. Porque eu achava que o ensino médio ia ser incrível, sabe? E aí não foi nada disso. A pandemia estragou tudo* (Dinâmica conversacional 1).

Nessas circunstâncias, construímos o indicador de que a produção subjetiva de Sofia, em relação à escola enquanto espaço de socialização, foi afetada no período do ensino remoto emergencial. A estudante estava mobilizando sentidos subjetivos de frustração em relação às expectativas para o ensino médio e sentindo-se solitária, tendo em vista do desconforto por estar o tempo inteiro em casa.

Em contrapartida, quando se tratava da experiência de estudar por meio do ensino remoto emergencial, Sofia demonstrava estar bem adaptada e até gostar da modalidade. No complemento de frases, a aprendiz escreveu: *Aprendo sozinha*; e *aulas virtuais* são boas. Na dinâmica conversacional um, quando apresentamos a imagem de uma pessoa estudando em frente ao computador, tivemos a seguinte conversa:

> ***Pesquisadora:*** *E esta imagem?*
>
> ***Sofia:*** *Aqui tenho várias interpretações. A senhora tá falando do EAD ou de estudar sozinho?*
>
> ***Pesquisadora:*** *Pode falar das duas coisas.*
>
> ***Sofia:*** *Estudar sozinha, eu gosto. Já falei que eu gosto, né? Me sinto mais à vontade. O EAD foi difícil no começo, porque eu não estava habituada. Mas depois eu fui me acostumando e acho que consigo administrar bem, mas tem gente que não tem tanta facilidade quanto eu tenho, mas eu gosto* (Dinâmica conversacional 1).

Nesse sentido, as relações sociais de Sofia foram impactadas em razão do isolamento social e por não poder mais ir para escola. Contudo, apesar do descontentamento com a situação, o desempenho da estudante nos componentes curriculares permanecia muito bom, e ela estava conseguindo estudar sem maiores obstáculos. Vejamos o excerto a seguir:

> *Eu gosto de ficar na escola, porque eu não saio para lugar nenhum. Aí, o único lugar que eu vou é a escola. Mas é muito cansativo. Demais, demais, demais, demais. No EAD, eu estudava a hora que eu queria. Agora, no presencial eu tenho que focar nas coisas, tenho que fazer as atividades. Ao mesmo tempo que eu gosto do EAD, eu gosto do presencial. Eu disse que gosto de aprender sozinha, mas eu gosto de estar na sala de aula com os professores. Eu me sinto melhor* (Sofia, Dinâmica conversacional 2).

É importante enfatizar que uma das características observadas em Sofia foi sua dedicação e esforço nos estudos, independentemente do contexto de ensino em que se encontrava. A participante empenhava-se em realizar todas as atividades solicitadas em todos os componentes curriculares, buscava melhorar no que precisava e manter o rendimento adequado nas avaliações, a fim de obter a aprovação demandada pela instituição de ensino. O afinco da aprendiz demonstrava a importância que ela conferia aos estudos para sua vida, apesar dos contratempos que vivenciava. Diante dessas análises, formulamos o indicador de que Sofia subjetivou a experiência do ensino remoto emergencial tendo em vista a importância que atribuía aos estudos. A estudante produziu sentidos subjetivos de esforço e dedicação, buscando adaptar-se e organizar-se para participar dos encontros síncronos e realizar todas as atividades e avaliações propostas, a fim de obter aprovação nos componentes curriculares.

Desse modo, a partir dos indicadores apresentados, interpretados em conjunto com as análises da pesquisa, elaboramos a hipótese de que Sofia estava produzindo sentidos subjetivos contraditórios acerca da modalidade de ensino remoto emergencial. Por um lado, havia uma produção subjetiva de insatisfação em relação à escola, em razão da suspensão das aulas presenciais e à impossibilidade de encontrar os colegas. Por outro, a participante empenhava-se nos estudos, buscando manter o seu rendimento acadêmico.

Nesse contexto, importa recordar que Sofia tinha uma quantidade elevada de componentes curriculares por ano letivo, em razão de fazer um curso de nível técnico. Isto resultava no alto volume de atividades e conteúdo para estudar, especialmente nos períodos avaliativos. Independentemente da modalidade de ensino (remoto emergencial ou presencial), a organização didático-curricular da escola impunha diversas obrigações aos estudantes. Como parte da subjetividade social da instituição, cumprir todas as demandas nos prazos estabelecidos, obter boas notas e participar das ações extracurriculares conferia aos aprendizes o reconhecimento institucional e dos professores, que exigiam dedicação aos estudos. A respeito dessas ideias, interpretamos que os complementos de frases *Dedico meu maior tempo a estudar* e É difícil *estudar*, preenchidos por Sofia, estavam relacionados com as exigências da escola.

Explorando o assunto na dinâmica conversacional, conversamos o seguinte:

> ***Pesquisadora:*** Tem uma coisa que eu não perguntei da outra vez e está no teu complemento de frases. Lá estava assim: "É difícil..." e você completou com "estudar". Por que você acha que é difícil estudar?
>
> ***Sofia:*** *É difícil, porque é cansativo. Por exemplo, quando vou estudar, eu passo muito tempo sentada. Na semana de provas, eu começava estudar umas duas horas e parava umas dez horas da noite. Porque eu estudava pra três provas e eu ficava sempre muito cansada. Quando a gente tem prova, tem muita coisa pra estudar e eu também não consigo estudar rápido. Não consigo estudar só uma hora. Preciso, pelo menos, de umas duas horas pra ficar estudando sentada.*
>
> ***Pesquisadora:*** Duas horas pra cada matéria?
>
> ***Sofia:*** *Sim* (Dinâmica conversacional 2).

No cotidiano escolar, observamos, muitas vezes, a dificuldade das participantes da pesquisa em relação à gestão do tempo para conseguirem realizar todas as atividades propostas pelos professores. Em algumas ocasiões, por exemplo, precisávamos suspender as Bioficinas afim de que elas tivessem tempo disponível para realizarem os trabalhos. Vejamos os excertos a seguir:

> "*Às vezes, os professores jogam muito trabalho de uma vez. Aí eu fico: o que eu tenho que começar a fazer primeiro?*" (Sofia, Dinâmica conversacional 1).
>
> "*Quando a gente estava no IFAP, era muito difícil. Porque quando eu chegava em casa, eu só queria dormir (risos) e, tipo, quando a gente tinha tempo livre à tarde, eu só queria fazer*

> *alguma coisa para mim. Mas, tipo, toda semana era trabalho. Aí eu ficava, meu pai do céu, não tem tempo"* (Sofia, Dinâmica conversacional 1).

Diante das expressões e análises apresentadas, construímos o indicador de que as altas exigências de desempenho da escola aos estudantes constituíam a subjetividade social do IFAP, favorecendo a produção de sentidos subjetivos desfavoráveis à aprendizagem, uma vez que a participante se sentia sobrecarregada e cansada.

Sofia era comprometida e responsável com os estudos. Apesar da exaustão que sentia, mantinha-se esforçada para cumprir todas as tarefas. No entanto, muitas vezes, as atividades eram realizadas mecanicamente e pelo dever de executá-las. No trecho a seguir, a estudante mencionou a obrigatoriedade de estudar.

> ***Pesquisadora:*** *Você gosta de estudar?*
>
> ***Sofia:*** Não exatamente gostar. A gente é obrigado, né?
>
> ***Pesquisadora:*** *Mas você acha que é importante?*
>
> ***Sofia:*** *É obrigação, né? Tem que fazer! (risos)* (Dinâmica conversacional 1).

No excerto acima, Sofia expressou seu sentimento de estudar por obrigação. Analisando sua fala em conjunto com outras informações e com as ideias elaboradas durante o processo construtivo-interpretativo da pesquisa, entendemos que a obrigação de estudar, para Sofia, estava vinculada à sua compreensão de que a única maneira de melhorar sua vida seria por meio dos estudos. Por isso, a participante se esforçava para ser uma boa estudante, principalmente na realização das atividades. Em contrapartida, executar as tarefas por obrigação contribuía para manutenção de processos de memorização e reprodução, especialmente nos componentes curriculares com os quais ela não se identificava, como a Biologia.

O trecho a seguir me auxiliou na compreensão de alguns elementos da subjetividade social da escola, que também estavam favorecendo o sentimento de estudar por obrigação em Sofia.

> ***Pesquisadora:*** *E o IFAP? Me fala um pouquinho sobre a tua relação com o IFAP. Além de ter muito trabalho... (risos).*
>
> ***Sofia:*** *Eu fico muito revoltada (rindo). Porque, tipo, eu fui para escola e eu não sabia nada da escola. Só sabia que era uma escola boa. Minha tia tinha estudado lá e aí eu fui, né? Porque todo*

> *mundo falou: não, tu vai (família). Aí eu cheguei lá, eu lembro de uma vez que eu estava com os meus amigos e a gente estava jogado na sala de computação e eu fiquei me perguntando porque que eu entrei nessa escola? Porque eu estava muito cansada nessa época quando a gente estava no presencial e não tinha tempo para quase nada. Aí eu ficava pensando: mas ninguém me avisou que ia ser assim. Eu estou muito horrorizada (rindo). Era muito pesado, porque toda semana era um seminário, era prova e eu ficava: meu pai do céu, o que eu fiz com a minha vida?* (Dinâmica conversacional 1).

Inicialmente, destaco a expressão: *Só sabia que era uma escola boa*, associada à concepção da população amapaense em geral em relação à instituição, tendo em vista, entre outros aspectos, a qualificação dos profissionais, a infraestrutura física e aos resultados obtidos nas avaliações do Ministério da Educação (MEC). O segundo destaque é para a fala: *Minha tia tinha estudado lá e aí eu fui, né? Porque todo mundo falou: não, tu vai.* A referência da tia e o incentivo da família para que Sofia ingressasse na instituição, considerada de qualidade, fizeram com que ela se sentisse na obrigação de estudar a fim de atender as expectativas da boa escola e de todos que a encorajaram a estuar no IFAP.

Considerando as ideias apresentadas, elaboramos o indicador de que Sofia subjetivava as demandas e exigências escolares, esforçando-se para cumprir todas as tarefas nos prazos, o que favorecia uma produção subjetiva de obrigatoriedade e uma sensação de pressão diante da execução das atividades e avaliações. Isso ocorria em função de elementos da subjetividade social, vinculados à concepção da qualidade da instituição e à cobrança para que os estudantes formados fossem referência em esforço e dedicação aos estudos.

Outro fato importante a ser destacado, que apresentou repercussões significativas na subjetividade social da escola, especialmente entre os estudantes, foi o intervalo de aproximadamente um ano entre a suspensão das atividades presencias, em razão da pandemia de Covid-19, e o retorno por meio do ensino remoto emergencial. No trecho a seguir, Sofia comentou a respeito desse assunto.

> *Também por causa desse negócio da gente repetir o ano. Fiquei muito decepcionada com essa parte, mas agora a vida segue para frente. Depois eu fiquei pensando que é até melhor porque a gente não aprendeu muita coisa então não teria sido bom eles só passarem a gente.* (Sofia, Dinâmica conversacional 1).

No contexto da subjetividade social, também nos interessou explorar as relações estabelecidas por Sofia em sala de aula. Conforme apresentado previamente, a adolescente valorizava o relacionamento com o outro, especialmente na escola, onde encontrava as pessoas de seu convívio social fora de casa. No excerto a seguir, conversamos sobre sua relação com os colegas da turma.

> ***Pesquisadora:*** Eu gostaria que você falasse um pouco sobre a tua relação com os teus colegas de turma.
>
> ***Sofia:*** *Eu acho que eu tive muita sorte. Minha turma é muito de boa. A gente se ajuda. Claro, que tem as panelinhas, as pessoas mais próximas, outras mais afastadas. Mas todo mundo conversa, todo mundo se ajuda. Eu acho muito legal que, na nossa sala, não tem muito essas intriguinhas, sabe? Se alguém está precisando de alguma coisa, a gente vai lá, conversa. Tenta resolver. Tem duas pessoas específicas que eu não vou com a cara de jeito nenhum, que eu não confio, não gosto. Mas não é uma coisa que atrapalha no ambiente da sala. Eu acho que nosso ambiente da sala é muito saudável. Por exemplo, acho que a senhora já ouviu falar da turma do primeiro ano, que lá é muito conturbado. A nossa sala até já foi lá conversar com eles sobre isso. Falar que a nossa turma é bem unida, que a gente se ajuda, a gente pergunta as coisas. Porque a gente passa quase o dia todo naquela escola, se for viver de intriguinha, não vai ser uma coisa saudável pra ninguém, então os problemas tem que se resolverem* (Dinâmica conversacional 2).

Nas aulas de Biologia alguns estudantes se destacavam pela sua participação. Sofia comentou em uma das nossas conversas informais:

> *Assim, professora, é que tem um pessoal na sala, eu não vou citar nomes, que gosta de debater com a professora. Às vezes a professora está explicando um assunto e eles já estão lá na frente. Eu nem entendi o que ela tá explicando ainda e eles já estão avançados. Eu tenho vergonha. Não gosto de falar na aula. Porque parece que eles sabem mais. Aí, quando eu tenho dúvida, eu fico torcendo para alguém perguntar o que eu quero saber. Se ninguém perguntar, eu fico com a dúvida* (Sofia, Conversa informal).

Esse contexto específico obstaculizava a manifestação da estudante nas aulas de Biologia, pois sentia-se inferior em relação aos colegas que, supostamente, sabiam mais do que ela. Nesse sentido, formulamos o indicador de que Sofia se autoavaliava com dificuldades de aprendizagem de Biologia e não lembrava os termos utilizados na disciplina. Por isso, sentia-se insegura em se expressar nas aulas, em razão dos estudantes que interagiam com a professora.

Tendo em vista os indicadores e análises anteriores, construímos a hipótese de que havia elementos da subjetividade social da escola que levavam à sobrecarga das atividades e ao cansaço, assim como ao sentimento de insegurança e de inferioridade. Isso favorecia a produção, por parte de Sofia, de sentidos subjetivos desfavoráveis à aprendizagem e promovia processos de memorização e reprodução.

O Quadro 9, a seguir, apresenta a síntese das hipóteses e indicadores associados à subjetividade social da escola, que elaborei no caso da participante Sofia.

Quadro 9 – Síntese das hipóteses e dos indicadores sobre os sentidos subjetivos associados à subjetividade social da escola

HIPÓTESES	INDICADORES
Sofia estava produzindo sentidos subjetivos contraditórios acerca da modalidade de ensino remoto emergencial. Por um lado, havia uma produção subjetiva de insatisfação em relação à escola, em razão da suspensão das aulas presenciais e da impossibilidade de encontrar os colegas. Por outro, a participante empenhava-se nos estudos, buscando manter o seu rendimento acadêmico.	Sofia não reconhecia a residência da avó como, de fato, a sua casa. Por isso, produzia sentidos subjetivos de insatisfação e desconforto em relação à circunstância de precisar morar em uma casa que não era a sua. Era no ambiente escolar que a aprendiz encontrava espaço para o contato mais próximo com o outro, produzindo sentidos subjetivos de satisfação e conforto quando estava no IFAP. A produção subjetiva de Sofia em relação à escola, enquanto espaço de socialização, foi afetada no período do ensino remoto emergencial. A estudante estava mobilizando sentidos subjetivos de frustração em relação às expectativas para o ensino médio e sentindo-se solitária, tendo em vista o desconforto por estar o tempo inteiro em casa. Sofia subjetivou a experiência do ensino remoto emergencial, tendo em vista a importância que atribuía aos estudos. A estudante produziu sentidos subjetivos de esforço e dedicação, buscando adaptar-se e organizar-se para participar dos encontros síncronos e realizar todas as atividades e avaliações propostas, a fim de obter aprovação nos componentes curriculares.

HIPÓTESES	INDICADORES
Havia elementos da subjetividade social da escola que levavam à sobrecarga das atividades e ao cansaço, assim como ao sentimento de insegurança e de inferioridade, contribuindo para que Sofia produzisse sentidos subjetivos desfavoráveis à aprendizagem e favorecendo processos de memorização e reprodução.	As altas exigências de desempenho da escola aos estudantes, constituía a subjetividade social do IFAP, favorecendo, em Sofia, a produção de sentidos subjetivos desfavoráveis à aprendizagem, uma vez que a participante estava se sentindo sobrecarregada e cansada.
	Sofia subjetivava as demandas e exigências escolares e se esforçava para cumprir todas as tarefas nos prazos, o que favorecia uma produção subjetiva de obrigatoriedade e sensação de pressão diante da execução das atividades e avaliações. Isso ocorria em função de elementos da subjetividade social, vinculados à concepção da qualidade da instituição e da cobrança para que os estudantes formados sejam referência em esforço e dedicação aos estudos.
	Sofia se autoavaliava com dificuldades de aprendizagem de Biologia e não lembrava os termos utilizados na disciplina. Por isso, sentia-se insegura em se expressar nas aulas, em razão dos estudantes que interagiam com a professora.

Fonte: Bezerra (2023)

4.2.3.3 Os sentidos subjetivos produzidos durante a ação de aprender Biologia e as mudanças subjetivas identificadas no caso de Sofia

Como todo(a) estudante, Sofia tinha seus componentes curriculares e conteúdos preferidos, assim como aqueles que de não gostava muito. No instrumento complemento de frases, ela escreveu: *Minha (s) disciplina (s) preferida (s) Matemática e história*; *Biologia é difícil*; *A (s) disciplina (s) que menos gosto* é *biologia*. Mesmo com um boletim impecável, conforme exposto na apresentação da estudante, ela não se identificava com a Biologia e relatou ter dificuldades para aprender os conteúdos.

No instrumento de autoavaliação, quando perguntamos como a participante avaliava seu desempenho no componente curricular, ela indicou a opção *ruim*. Em uma análise inicial, esta resposta contrasta com as notas obtidas por Sofia na disciplina. Contudo, considerando as interpretações do estudo de caso, a aprendiz estava se autoavaliando quanto ao seu entendimento dos conteúdos estudados. No instrumento escrito *Como eu estudo / aprendo Biologia*, ela falou sobre a necessidade de melhorar os conhecimentos em Biologia:

> ***Pergunta:*** *Qual a sua principal motivação para estudar a disciplina Biologia?*
>
> ***Sofia:*** *Quero fazer o Enem e preciso melhorar o meu conhecimento sobre Biologia, se eu quiser passar* (Instrumento escrito "Como eu estudo / aprendo Biologia").

Importa destacar o interesse da estudante em melhorar os conhecimentos, independente das notas que havia obtido. Desse modo, ciente das dificuldades que apresentava, Sofia entendia que precisava melhorar sua aprendizagem em relação aos conteúdos estudados, especialmente porque necessitaria dos conhecimentos de Biologia para realização do ENEM. Na sequência, um excerto da conversa com Sofia sobre o tema:

> ***Pesquisadora:*** E, assim, você me falou que tem a dificuldade de relacionar o conteúdo com o *dia a dia, de compreender o que estuda. Mas você sente a necessidade de aprender o conteúdo por algum motivo?*
>
> ***Sofia:*** *Eu me preocupo, mas eu tenho a noção de que eu esqueço as coisas muito rápido. Eu esqueço muito rápido, tipo, passou umas duas semanas, eu já esqueci tudo. Na maioria das vezes, eu estudo nas férias. Eu vou estudando os assuntos que eu acho que pode cair mais no ENEM. Mas, mesmo assim, é complicado, porque eu não lembro muito das coisas. Aí eu tenho que fazer uma revisão gigante. Tipo, um mês antes do ENEM para tentar lembrar das coisas* (Dinâmica conversacional 2).

A preocupação com o ENEM fazia com que a estudante buscasse alternativas para aprender os conteúdos de Biologia, nos quais acreditava ter dificuldades. Ela também não acreditava que as boas notas na escola, refletiriam nos resultados do exame.

Nesse sentido, um dos objetivos de vida marcantes da adolescente era mudar a sua condição socioeconômica, principalmente em relação ao local onde morava. Sobre o assunto, a participante escreveu no complemento de frases: *Sinto-me desafiado (a) quando a mudar minha situação*; *Esforço-me diariamente para alcançar meus objetivos*; *Meu maior sonho ter uma casa própria*. Na dinâmica conversacional, Sofia evidenciou a importância que conferia aos estudos como meio essencial para alcançar as mudanças que almejava em sua vida. Vejamos o trecho a seguir:

> ***Pesquisadora:*** E o que te motiva a aprender? Como você fica motivada? Quando?
>
> ***Sofia:*** *Não sei, tipo, tem épocas que eu não estou muito bem. Não estou, tipo, com muita vontade de estudar. Eu não tenho vontade de fazer nada. Literalmente, nada. Mas aí, às vezes, eu fico pensando, nossa! A única pessoa que vai mudar o meu futuro sou eu mesma, né? Então eu preciso colocar minha cabeça aqui e fazer isso. Porque para mim, pelo menos, na minha condição, a única forma de ter uma vida melhor é estudar. Então eu acho que é isso que eu penso. Aí eu fico mais motivada* (Dinâmica conversacional 1).

De maneira geral, Sofia se caracterizava como uma pessoa esforçada, mas que precisava se dedicar mais às coisas que fazia. Considerava-se uma estudante mediana e entendia que estudar era uma obrigação que precisava ser cumprida. Vejamos as seguintes expressões da participante:

> ***Eu sou*** *Esforçada.*
>
> ***Preciso melhorar*** *A minha dedicação.*
>
> ***Dedico meu maior tempo*** *A Estudar.*
>
> ***Sou um (a) estudante*** *Mediana.*
>
> É difícil *Estudar* (Sofia, Complemento de frases).
>
> ***Pesquisadora:*** No seu complemento de frases, você disse que você se considera uma estudante mediana. Porque você acha que é uma estudante mediana?
>
> ***Sofia:*** *Tipo assim, eu sempre fui uma boa aluna. Todo mundo fala que eu sou uma boa aluna, mas, na minha perspectiva, eu acho que eu não sou muito boa. Tipo, quando eu fui para o IFAP, é uma realidade muito diferente, sabe? Assim, eu passei em 6º lugar naquela avaliação de nota e tal. Mas quando a gente chega, a gente vê a diferença, sabe? Entre os alunos. Têm os que são bem mais inteligentes. Tem uns que são medianos. Tipo, eu sou muito mediana nesse quesito eu não sou boa em tudo, entendeu?* (Dinâmica conversacional 1).

As interpretações acima nos auxiliaram na elaboração do indicador de que Sofia era insegura em relação ao seu próprio rendimento escolar. Mesmo quando era elogiada e considerada uma boa aluna, Sofia acreditava que não era tão boa assim. Ela se comparava a outros alunos, que caracterizava como *bem mais inteligentes* e se considerava mediana porque pensava não ser boa em tudo. Esse indicador também estava relacionado com elementos da subjetividade social da instituição de ensino, que demandava muitas atividades dos estudantes, quantidade elevada de componentes curriculares e avaliações centradas no desempenho quantitativo.

Sobre o desempenho escolar no componente curricular Biologia, Sofia mencionou que as notas dela estavam *incrivelmente boas* Vejamos o trecho a seguir:

> ***Pesquisadora:*** Sobre o teu desempenho na disciplina. Assim, em relação ao desempenho, as notas e ao teu aprendizado. Como que você avalia do primeiro bimestre até agora?
>
> ***Sofia:*** *Olha, já que a gente tá em EAD, é mais difícil de eu meio que saber. Mas a minha nota está boa, porque eu faço tudo. Eu tento entender. Tipo, o último bimestre foi o que eu mais aprendi, do segundo. Aí, do primeiro eu não entendi muita coisa e nem do terceiro agora. Mas do segundo, eu acho que eu aprendi muita coisa que eu entendi bastante. Mas as minhas notas estão muito boas. Incrivelmente, eu não sei o porquê. Mas tá boa. Porque o professor ele faz uns trabalhos complicados, aí eu faço e ele me dá nota. Aí eu fico: tá bom* (Dinâmica conversacional 1).

De fato, nas análises documentais do boletim de Sofia, foi possível verificar que a estudante possuía excelentes notas em Biologia. Interessa destacar as reflexões que a própria estudante faz em relação às pontuações obtidas. Quando perguntada a respeito do seu desempenho, ela não restringiu a análise apenas às notas e às avaliações realizadas. A fala de Sofia, destacada acima e interpretada em conjunto com outros instrumentos da pesquisa, nos auxiliou na construção do indicador de que a estudante mantinha uma atitude dedicada e responsável quanto às obrigações escolares em todos os componentes curriculares e atividades demandadas pela escola. No entanto, ela reconhecia que, embora conseguisse executar as atividades e obter boas pontuações em Biologia, havia conteúdos que ela não aprendia ou que tinha dificuldade para aprender.

A reflexão feita pela participante ia além do excelente desempenho que obteve. Ela compreendia que suas notas estavam mais relacionadas ao cumprimento das atividades propostas, por isso realizava o que lhe era solicitado e nos prazos estabelecidos. No entanto, admitia ter dificuldades para compreender o que foi estudado na disciplina. Ela também destacava que a modalidade de ensino remoto emergencial, poderia estar dificultando a análise mais criteriosa do seu processo de aprendizagem.

Sofia foi a única participante da pesquisa que apontou, no instrumento de autoavaliação, a opção: *Tenho grandes dificuldades e não consigo aprender os conteúdos de Biologia*. Durante a dinâmica conversacional, ela explicou que não conseguia relacionar o que estudava na disciplina com seu cotidiano. Vejamos o trecho a seguir:

> ***Pesquisadora:*** *Agora, vamos falar um pouquinho da biologia, tá? Eu queria que você falasse um pouco da sua relação com a biologia. O que você acha que é difícil? Por que você acha que tem uma essa dificuldade para aprender?*
>
> ***Sofia:*** *É porque eu não vejo como isso acontece na vida real. Entendeu? É uma coisa que eu não consigo enxergar. Por exemplo, matemática dá para gente imaginar situações na cabeça. Então, para mim, a biologia, não! Sabe? Não tem! Aí eu não entendo nada (risos)* (Dinâmica conversacional 1).

Sofia acreditava que, quando conseguia fazer associação entre o que estava estudando e situações do cotidiano, isso auxiliava no processo de sua aprendizagem e na melhor compreensão dos conteúdos. Quando não conseguia realizar esse tipo de relação, considerava que não tinha aprendido. Durante o primeiro encontro das Bioficinas, pedi que os participantes mencionassem as dificuldades que possuíam para aprender Biologia. Sofia escreveu no chat: *A não representatividade na vida real. Fica uma coisa solta e eu não consigo associar*. Novamente, a ênfase na necessidade de associar os conteúdos com a vida real.

Essas falas da participante, analisadas em conjunto com as informações dos demais instrumentos da pesquisa, nos permitiram elaborar o indicador de que o estabelecimento de relações entre o conteúdo de Biologia e situações reais da vida cotidiana era, para Sofia, um recurso operacional importante no processo de aprendizagem da disciplina. Vejamos o trecho a seguir, retirado do encontro sobre os vírus:

> ***Pesquisadora:*** *Os vírus são parasitas* [...]. *Alguém sabe me dizer o que é um parasita? Esse termo é bastante utilizado na medicina e na biologia* [...]. *Então, o que é um parasita?*
>
> ***Sofia:*** *Eu já ouvi muito, mas não sei o que significa em si.*

> ***Pesquisadora:*** *O parasita, gente, na relação entre os seres vivos, é aquele ser vivo que "vai se aproveitar do outro". Ele se aproveita do organismo do outro ser. Então, ele vai invadir o organismo e vai fazer com que as células do outro realizem as funções por ele, para que ele se reproduza, principalmente. Os vírus são parasitas, todos os vírus. Vou escrever aqui: os vírus são parasitas intracelulares obrigatórios.*
>
> ***Sofia:*** *Ah, igual quando alguém chama uma pessoa de parasita? Agora entendi* (*Bioficina* virtual, 3º encontro).

Neste encontro, estávamos discutindo o tema vírus e, no momento do trecho acima, eu estava explicando alguns conceitos relacionados ao referido grupo de microrganismos. Sofia mencionou, inicialmente, que não sabia o que o termo parasita significava, embora já o tivesse ouvido muitas vezes. Quando expliquei o conceito da relação de parasitismo entre os seres vivos, ela fez uma relação imediata com uma metáfora muito utilizada no cotidiano. Nesse movimento, interpretei que ela estava tentando exemplificar o que eu havia explicado. Na sequência, ela enfatizou que entendeu.

Ainda no encontro sobre vírus, dando continuidade à explicação sobre alguns conceitos relacionados à temática que estávamos discutindo, apresentei o termo medida profilática e fiz uma breve explanação sobre seu significado, exemplos e a importância para prevenção de viroses e outras doenças causadas por outros agentes. Vejamos o exemplo levantado por Sofia após a explicação:

> ***Sofia:*** *Na Ásia, eles usam máscara quando estão doentes. Mesmo antes da pandemia. Seria um exemplo?*
>
> ***Pesquisadora:*** *Isso, o uso da máscara é um tipo de medida profilática, de prevenção* (*Bioficina* virtual, 3º encontro).

Novamente, a estudante lançou mão de um exemplo que já conhecia, buscando associá-lo ao conceito que estava sendo estudado. No instrumento denominado *Como eu estudo/aprendo biologia?*, perguntei se os participantes consideravam que conseguiam aplicar os conteúdos estudados em diferentes situações. Sofia respondeu: *Tenho muitas dificuldades, algumas coisas, por exemplo, sobre vírus consigo aplicar, mas se formos falar de divisão celular, eu me perco muito tentando pensar como funciona.*

Quando estudamos o tema dos vírus, Sofia se mostrou muito curiosa e entusiasmada, participando ativamente (principalmente pelo chat), com comentários, perguntas e exemplos. Foi possível inferir que o tema estudado atraiu a estudante, o que pode ter ocorrido, por exemplo, em razão do contexto pandêmico, em que o assunto sobre vírus se encontrava em evidência. Já nas discussões sobre divisão celular, a participante não teve grande participação e não realizou a atividade proposta referente à temática. Ficou evidente que, no estudo sobre divisão celular, Sofia teve mais dificuldades para encontrar exemplos do cotidiano que facilitassem o entendimento, favorecendo o desinteresse pela temática.

Outro aspecto que consideramos relevante na expressão citada anteriormente é que, embora Sofia tivesse dificuldade para entender o conteúdo da divisão celular, ela demandou um esforço para tentar compreendê-lo: *perco muito tempo tentando pensar como funciona*. Tentou pensar como funciona. Essa expressão nos forneceu indícios de que a participante, ao estudar os conteúdos de Biologia, lançava mão de processos de imaginação na busca pela associação dos assuntos com a *vida real*. Analisemos os trechos a seguir:

> ***Qual o seu principal objetivo quando você está resolvendo as atividades de Biologia?***
> *Meu objetivo é absorver o que estou colocando no papel, enxergar como aquilo funciona no nosso corpo e no "mundo real"* (Instrumento escrito "Como eu estudo/aprendo biologia?").
>
> ***Quais as estratégias você utiliza para estudar Biologia?***
> *Tento imaginar que aqueles vários desenhos são peças internas dos seres vivos e que se uma delas não funcionar bem, poderá acarretar em algum problema ou reação* (Instrumento escrito "Como eu estudo / aprendo biologia?").

Sobre as expressões acima, Sofia escreveu que tinha como objetivo *absorver o que está colocando no papel*. Essa expressão me indicou que a estudante estava compreendendo o processo de aprendizagem de Biologia numa perspectiva de memorização dos conteúdos. Em outra questão do mesmo instrumento, sobre como avaliava sua aprendizagem na disciplina, ela indicou a opção *Superficial (repetitivo, baseado na memorização)*. Essa indicação reforçou ideia de que Sofia estava entendendo que a aprendizagem de Biologia se restringia à reprodução de conceitos.

Nesse contexto, outra dificuldade apontada por Sofia foi em relação aos conceitos da disciplina. Vejamos o que ela mencionou no primeiro encontro quando solicitei que os participantes das Bioficinas indicassem os temas de interesse para as discussões:

> ***Sofia:*** *Conceitos básicos, tipo o que é célula.*
>
> ***Sofia:*** *Eu não consigo avançar, porque não conheço os conceitos básicos* (*Bioficina* virtual, 1º encontro).

Sofia enfatizou que não avançava na aprendizagem de Biologia porque não conhecia os conceitos básicos. Importa destacar que esses conceitos (célula, organelas, composição química, entre outros) estavam sendo estudados ou haviam sido estudados no primeiro bimestre pelas turmas participantes das Bioficinas. Considerando o processo de aprendizagem baseado na memorização, é possível que a participante, mesmo tendo estudado os conceitos básicos, não os lembrasse ou tivesse dificuldades para aprendê-los, uma vez que não os conseguiu relacioná-los com exemplos cotidianos.

Na dinâmica conversacional, ao falar sobre os processos avaliativos do bimestre, Sofia comentou o seguinte:

> ***Sofia:*** *A gente teve o seminário, uma prova oral e tipo um experimento. Eu fiz o experimento, mas eu não entendi muito bem. A prova oral eu estudei bastante também e eu entendi. A gente fez em grupo. Eu fiquei muito nervosa, mas ele deu 100 pra gente. E no seminário eu também fiquei muito, muito nervosa e, tipo, teve uma menina que até passou mal lá. Aí eu já estava chorando junto com ela, tadinha. Aí, depois eu apresentei, de boa! Nervosa mas foi.* [...].
>
> ***Pesquisadora:*** *O experimento que você falou, foi sobre o que? Você lembra?*
>
> ***Sofia:*** *Ai meu Deus, foi de um ovo. A gente tinha que pegar um ovo e colocar dentro de um negócio, que eu não lembro o que era. Era de... não sei se tem aqui nesse caderno. Eu não lembro. Não consigo lembrar. De "ormose", "omeose"...*
>
> ***Pesquisadora:*** *Osmose?*
>
> ***Sofia:*** *Eu acho que foi isso...* (Dinâmica Conversacional 1).

A realização de experimentos nas aulas de Ciências é uma tarefa que pode auxiliar os estudantes na aprendizagem dos conteúdos procedimentais, conforme discutido por Pozo e Gómez Crespo (2009). Dessa forma, é essencial que os aprendizes do ensino médio exercitem esses tipos de conteúdo. Contudo, importa que eles sejam desenvolvidos com o intuito de levar os estudantes à reflexão e ao modo de pensar usado pelos cientistas, auxiliando na compreensão dos conteúdos conceituais. Para tanto, as instruções das atividades precisam ser desenvolvidas de forma que favoreçam os processos interpretativos e compreensivos por parte dos aprendizes.

Nesse caso, interpretamos que a dificuldade da estudante estava associada, além de outros aspectos, ao modo como as tarefas eram solicitadas, favorecendo processos de reprodução em detrimento da produção própria. O mesmo ocorria com as outras avaliações, geralmente provas objetivas ou trabalhos com questões discursivas diretas, cujas respostas poderiam ser consultadas no livro didático. Vejamos, agora, o excerto a seguir:

> ***Sofia:*** *Porque, tipo, eu não sei explicar o que eu sei. Mas se eu ver em um papel, assim, eu consigo fazer. Para eu explicar alguma coisa, eu tenho que, antes, ensaiar para conseguir explicar. Por exemplo, se a senhora perguntar o que eu aprendi no primeiro bimestre, eu não vou lembrar. Mas se tiver uma prova, assim, eu vou conseguir fazer* (Sofia, Dinâmica conversacional 2).

O trecho acima reforça a interpretação de que a participante possuía dificuldades para compreender os temas e avançar em processos de elaboração própria em relação ao conteúdo de Biologia. Quando afirmou que precisava *ensaiar antes* para conseguir explicar o que sabia, interpretamos que Sofia, não havia, de fato aprendido os conteúdos, evidenciando a realização de um processo memorístico, por meio do qual o estudante aprende para os momentos avaliativos e esquece o que estudou rapidamente. O ato *de ensaiar antes* evidenciava o processo de repetição do conteúdo estudado.

A dificuldade para contextualizar e o foco na memorização apresentavam desdobramentos importantes nos momentos em que Sofia precisava interpretar as questões e os problemas propostos nas atividades do componente curricular. Retomando o exemplo do experimento sobre osmose, Sofia relatou que, embora tenha realizado a atividade proposta pelo professor, não conseguiu entender o que deveria ser feito, nem as relações da tarefa com o tema em estudo. Nesse exemplo, foi possível verificar que Sofia não estabeleceu relações entre o tema e o experimento, bem como reproduziu a atividade sem uma reflexão mais profunda acerca do que estava realizando e suas associações com o cotidiano e / ou com o pensamento científico.

Assim, enfatizando que a aprendiz compreendia o aprendizado em Biologia como memorização, entendemos que ela mesma criava obstáculos para interpretar as questões e problemas mais complexos, que não podiam ser resolvidos por vias mais simples (memorização e reprodução). Em um dos encontros das Bioficinas virtuais, realizamos uma atividade sobre vírus, com perguntas de múltipla escolha. Ao final, solicitamos que os estudantes comentassem sobre as eventuais dificuldades que sentiram ao resolver a tarefa. Sofia comentou: *As palavras desconhecidas e a dificuldade em interpretar as questões* (Sofia, Bioficina virtual, Encontro 3). Na semana seguinte, discutimos cada uma das questões e as eventuais dificuldades para respondê-las. A seguir, alguns comentários de Sofia, conforme analisávamos cada pergunta:

> *A minha maior dificuldade é interpretar as questões.*
> *O negócio aí foi interpretar a questão.*
> *Mas eu errei essa por falta de interpretação.*
> *Mas me conhecendo bem, eu bem que podia ter errado essa, por não ter entendido a questão* (Sofia, *Bioficina* virtual, encontro 4).

A interpretação e a resolução de problemas exigem dos estudantes a compreensão diferenciada do seu processo de aprendizagem. É importante que reconheçam sua capacidade de reflexão e elaboração diante do conhecimento apresentado, ultrapassando os processos memorísticos. No caso de Sofia, analisando os destaques acima, assim como outras informações construídas durante a pesquisa, formulamos o indicador de que a estudante associava a aprendizagem de Biologia à memorização, o que inviabilizava operações intelectuais mais complexas, como a interpretação, a reflexão sobre o que era estudado, a compreensão e a produção própria, bem como a expressão de aprendizagens compreensivas e/ou criativas.

Tendo em vista os indicadores apresentados, assim como as informações e análises construídas, elaboramos a hipótese que Sofia subjetivava a Biologia como um componente curricular difícil, com o qual nunca se identificou. Ela também acreditava que aprender Biologia correspondia a memorizar os conceitos e, como considerava que não possuía uma boa memória, apresentava dificuldades de aprendizagem. Essa produção subjetiva gerava, em Sofia, aversão e desinteresse pelas aulas e pelos conteúdos, especialmente quando sentia-se incapaz de contextualizá-los.

No decorrer do processo investigativo realizado com Sofia, observamos algumas mudanças na subjetividade, relacionadas à sua ação de aprender Biologia. Inicialmente, com o retorno às atividades presenciais, Sofia passou a demonstrar mais satisfação, em razão de poder encontrar os colegas e não precisar mais ficar em casa. Em relação aos estudos da Biologia, elaboramos o indicador de que a estudante passou a mobilizar sentidos subjetivos de agrado em relação aos estudos de Biologia, a partir do retorno das aulas presenciais, pela possibilidade da realização de aulas práticas e mais contextualizadas.

Conforme mencionado anteriormente, Sofia não considerava o conhecimento da Biologia como um modelo para explicar a existência da vida, seus processos e fenômenos. Ela esperava que o conteúdo estudado nas aulas se materializasse em sua realidade. Compreendemos que o fato de não conceber o conhecimento como um processo construtivo obstaculizava, em Sofia, a mobilização de recursos subjetivos, como processos imaginativos e ativos, bem como a atitude crítica e reflexiva, essenciais para o desenvolvimento de aprendizagens compreensivas e criativas.

Nesse contexto, a dificuldade de contextualizar ou relacionar os conteúdos estudados com aspectos da sua experiência cotidiana ficou evidente no caso de Sofia. A aprendiz valorizava esse processo de reconhecimento dos conteúdos na vida real. Realizar uma associação entre o que estava estudando e situações cotidianas a auxiliava no processo de aprendizagem e na melhor compreensão dos assuntos. Seu processo de aprendizagem era facilitado por meio da relação dos assuntos com exemplos práticos, especialmente quando esses exemplos eram familiares às suas vivências pessoais, favorecendo a curiosidade e a predisposição para compreensão.

A interpretação acima pode ser exemplificada com o que ocorreu quando Sofia estudou o conteúdo sobre o Reino Vegetal, no 2º ano. Após algumas aulas expositivas sobre as plantas, a professora Diana levou diversas amostras de vegetais para sala de aula. Os estudantes puderam manusear o material, comparar com as imagens do livro didático e verificar as estruturas vegetais que, até então, haviam sido explicadas teoricamente. Quando perguntei à estudante como avaliava a sua aprendizagem do tema, ela explicou:

> *Eu acho que foi melhor, porque a professora levou plantas pra gente ver numa aula. O caule, os negócios. Aí, e eu achei muito interessante. Porque eu estava vendo, entendeu? Eu estava vendo e raciocinando o que ela estava falando com o negócio da planta. Assim, a minha nota aumentou e meu entendimento aumentou também um pouco mais* (Sofia, Dinâmica Conversacional 2).

O trecho acima reforça a ideia de como a contextualização era importante para a aprendizagem de Biologia, no caso de Sofia. A atividade realizada pela professora Diana possibilitou uma melhor compreensão do tema, contribuindo para o entendimento do assunto na vida real e gerando motivação na estudante para o estudo do componente curricular. Nessa situação, interpretei que a professora apresentou condições favoráveis, que podem ter oportunizado a aprendizagem da estudante. Para Sofia, o fato de ter alcançado uma boa nota na avaliação sobre o tema evidenciou seu aprendizado, pois, durante a prova, lembrou-se das discussões da aula com os vegetais, o que a auxiliou na resolução das questões.

Além disso, considerando as interações de Sofia nas atividades propostas, percebemos que ela passou a mobilizar sentidos subjetivos de segurança para se manifestar, tirando dúvidas, informando que não compreendeu determinado assunto e comentando os temas discutidos durante as Bioficinas.

Quando iniciamos as Bioficinas, Sofia interagia com as colegas do grupo, mas não se expressava com frequência em relação aos temas que discutíamos. Conforme avançamos, especialmente a partir dos encontros presenciais, a estudante passou a falar mais livremente e a manifestar sua opinião, inclusive levantando questões além dos temas estudados. Nas aulas regulares, entretanto, a estudante ainda permanecia com vergonha. Em uma das nossas conversas informais, ela comentou: *Quando a senhora estiver na sala com a gente, a senhora vai ver que eu sou diferente, professora. Eu sou tímida. Não gosto de falar nas aulas. Eu falo nas oficinas, porque é só a gente e fico à vontade. Também já me afeiçoei à senhora* (Sofia, conversa informal).

Por fim, outra mudança relevante que observamos foi em relação à produção de novos sentidos subjetivos sobre a importância de compreender os conteúdos de Biologia, buscando superar os processos de reprodução além de tentar realizar as atividades com as suas próprias explicações, demonstrando mais confiança na sua compreensão do conteúdo.

No instrumento escrito *Retomando o problema: como funciona o corpo humano?*, Sofia respondeu o seguinte: *O corpo humano é dividido em vários setores que a Biologia chama de sistemas. Todos esses sistemas estão interligados para o bom funcionamento do corpo humano.* Vale lembrar que, a primeira vez que a estudante respondeu a essa mesma pergunta, ela preocupou-se em listar todos os órgãos e utilizou a internet para elaborar a sua resposta. Nesse segundo momento, a resposta de Sofia evidenciou o avanço da estudante quanto a uma maior segurança para emitir suas próprias explicações a respeito dos fenômenos biológicos.

A partir das interpretações e dos indicadores acima, interpretamos a hipótese de que ocorreram mudanças na configuração subjetiva da ação de aprender Biologia de Sofia, favorecendo o processo de superação das dificuldades de aprendizagem da estudante. O Quadro 10, a seguir, contém a síntese das hipóteses e dos indicadores sobre os sentidos subjetivos produzidos por Sofia, durante a sua ação de aprender Biologia.

Quadro 10 – Síntese das hipóteses e dos indicadores sobre os sentidos subjetivos produzidos durante a da ação de aprender Biologia de Sofia

HIPÓTESES	INDICADORES
Sofia subjetivava a Biologia como um componente curricular difícil, com o qual nunca se identificou. Ela também acreditava que aprender Biologia correspondia a memorizar os conceitos e, como considerava que não possuía uma boa memória, apresentava dificuldades de aprendizagem. Essa produção subjetiva gerava, em Sofia, aversão e desinteresse pelas aulas e pelos conteúdos, especialmente quando sentia-se incapaz de contextualizá-los.	Sofia era insegura em relação ao seu próprio rendimento na escola. A estudante mantinha uma atitude dedicada e responsável quanto às obrigações escolares em todos os componentes curriculares e atividades demandadas pela escola. Contudo, reconhecia que, embora conseguisse executar as atividades e obter boas pontuações em Biologia, havia conteúdos que ela não aprendia ou tinha dificuldade para aprender. O estabelecimento de relações entre o conteúdo de Biologia e situações reais da vida cotidiana era, para Sofia, um recurso operacional importante em seu processo de aprendizagem da disciplina. A participante, ao estudar os conteúdos de Biologia, lançava mão de processos de imaginação na busca pela associação dos assuntos com a *vida real*. A estudante associava a aprendizagem de Biologia à memorização, considerando-a suficiente para seu aprendizado. Isso inviabilizava operações intelectuais mais complexas, como a interpretação, a reflexão sobre o conteúdo estudado, a compreensão e a produção própria, bem como a expressão de aprendizagens mais compreensivas e/ou criativas.
Ocorreram mudanças na configuração subjetiva da ação de aprender Biologia de Sofia, favorecendo o processo de superação das suas dificuldades de aprendizagem.	A estudante passou a mobilizar sentidos subjetivos de agrado em relação aos estudos de Biologia a partir do retorno das aulas presenciais, devido à possibilidade de realizar aulas práticas e mais contextualizadas. Mobilização de sentidos subjetivos de segurança para se manifestar, tirar dúvidas, informar quando não compreendia determinado assunto e comentar os temas discutidos durante as Bioficinas. Produção de novos sentidos subjetivos sobre a importância de compreender os conteúdos de Biologia, buscando superar os processos de reprodução e tentando realizar as atividades com suas próprias explicações, demonstrando mais confiança na compreensão do conteúdo.

Fonte: Bezerra (2023)

5

COMPREENSÕES SOBRE A SUPERAÇÃO DAS DIFICULDADES DE APRENDIZAGEM EM BIOLOGIA A PARTIR DOS CASOS DE EVY, MAROCA E SOFIA

Os casos de Evy, Maroca e Sofia nos ajudaram a compreender o processo de superação das dificuldades de aprendizagem de Biologia, tendo em vista o estudo da configuração subjetiva da ação de aprender essa disciplina. Nesse estudo, levamos em conta as dimensões operacionais e subjetiva de suas dificuldades de aprendizagem, de Biologia, assim como as mudanças subjetivas envolvidas na superação dessas dificuldades.

5.1 A dimensão operacional das dificuldades de aprendizagem em Biologia

Inicialmente, caracterizamos as dificuldades de aprendizagem, tomando como referência a explicação de Rossato (2009, p. 176), que afirma que as dificuldades de aprendizagem escolar acontecem quando "a organização subjetiva do aluno, confrontada com o processo de ensinar-aprender, não expressa as condições favoráveis para dominar um sistema de conceitos científicos dentro do tempo e dos padrões avaliativos utilizados na escola".

Nos estudos de caso analisados, as estudantes estavam conseguindo um bom rendimento escolar em Biologia. Contudo, no processo de autoavaliação, relataram dificuldades para aprender os conteúdos. Para a obtenção das boas notas, elas memorizavam o máximo de conteúdo possível, geralmente na véspera das provas, mas logo depois esqueciam o que haviam estudado.

Diante dessa primeira observação, foi possível notar uma diferença marcante relacionada aos casos de dificuldades de aprendizagem estudados na perspectiva da Teoria da Subjetividade (Cardinali, 2006; Rossato, 2009; Bezerra, M., 2014; Oliveira, A., 2017; Medeiros, 2018; Bezerra, M.,

2019). Nessas pesquisas, normalmente, os estudantes não conseguiam aprender o conteúdo nem cumprir as exigências escolares, apresentando baixo rendimento e reprovações nas séries cursadas. Evy, Maroca e Sofia, no entanto, mesmo sem compreender totalmente o conteúdo de Biologia estudado, alcançavam os resultados necessários para aprovação.

Tendo em vista as dificuldades identificadas, notamos que havia operações intelectuais necessárias à aprendizagem de Biologia que não estavam sendo mobilizadas. Por isso, consideramos necessário levar em conta as particularidades do componente curricular e caracterizar a dimensão operacional dessas dificuldades. Nesse sentido, Alves *et al.* (2022) sinalizaram a necessidade da realização de pesquisas que enfoquem a relação entre o subjetivo e o operacional na superação das dificuldades de aprendizagem dos componentes curriculares das Ciências da Natureza, tendo em vista as especificidades dos conteúdos, bem como seus processos de ensino e aprendizagem.

Os estudantes podem apresentar dificuldades de aprendizagem relacionadas aos conteúdos conceituais, procedimentais e atitudinais. As dificuldades conceituais estão relacionadas ao fato de os estudantes sustentarem concepções alternativas aos conceitos científicos. Essas concepções têm sua origem na produção cultural e nas relações sociais cotidianas, direcionadas a explicar a realidade, que vão constituindo as teorias implícitas ou o conhecimento intuitivo dos estudantes. Essas teorias implícitas apoiam-se em supostos epistemológicos, ontológicos e conceituais sólidos, no entanto, incompatíveis com aqueles da teoria científica (Pozo; Gómez Crespo 2009).

Assim, tomando como orientação as elaborações de Pozo e Gómez Crespo (2009) acerca das dificuldades para aprender ciências, tornou-se importante investigar a organização das concepções alternativas dos estudantes. Nesse sentido, os estudos de caso apresentados nos possibilitaram analisar a dimensão operacional das dificuldades de aprendizagem de Biologia, a partir das incompatibilidades epistemológicas, ontológicas e conceituais entre as teorias implícitas das estudantes e o conhecimento científico. Na visão dos autores, a mudança conceitual profunda altera os princípios epistemológicos, ontológicos e conceituais das teorias implícitas, integrando-os hierarquicamente aos da teoria científica. Não se trata, portanto, de meras substituições de concepções alternativas por conceitos científicos específicos.

Em relação aos princípios epistemológicos, nos três casos estudados, as estudantes acreditavam que os modelos utilizados para explicar e/ou descrever os fenômenos biológicos representavam fielmente a realidade. Esse entendimento nos permitiu caracterizar uma postura epistemológica de realismo ingênuo. Segundo Pozo e Gómez Crespo (2009), a superação dessa postura decorre da adoção de uma concepção construtivista do conhecimento, em que os modelos são vistos como representações parciais, falseáveis e provisórias, concebidos como formas de gerar compreensões sobre a realidade estudada, as quais podem sempre ser aperfeiçoadas.

O ensino da Biologia normalmente requer a utilização de ilustrações que têm o intuito de representar as estruturas e os processos biológicos. Mesmo ao utilizar um microscópio, observa-se um tecido estático, que foi preparado para conferir uma representação das estruturas microscópicas que compõem os seres vivos. As representações utilizadas, especialmente na educação básica, são instrumentos didáticos que buscam facilitar a compreensão dos aprendizes acerca dos conceitos estudados.

O uso de ilustrações nas aulas de Biologia demanda, do professor, considerar "as dificuldades para a compreensão de representações simbólicas, o que requer dos alunos treino especial" (Krasilchik, 2004, p. 64). De acordo com a autora, os estudantes podem apresentar dificuldades específicas, como a de imaginar a partir das figuras uma estrutura em três dimensões e relacionar a representação simbólica esquemática com a realidade. A superação dessas dificuldades requer tempo, tendo em vista a familiarização com as convenções e os símbolos adotados.

Nos estudos de caso investigados, interpretamos as dificuldades das aprendizes para compreender as representações utilizadas como modelos explicativos. Na perspectiva do realismo ingênuo, a representação (ou a explicação científica) corresponde fielmente à realidade. Dessa forma, tomando como exemplo a imagem do esquema da circulação sanguínea, de acordo com o questionamento da participante Maroca, o processo estudado deveria acontecer conforme retratado na ilustração: com o sangue arterial, representado em vermelho, circulando pelo lado direito do organismo, e o sangue venoso, em azul, circulando pelo lado esquerdo.

Outro exemplo que aponta para a postura epistemológica realista ingênua das aprendizes ocorreu durante a atividade de visualização das lâminas histológicas ao microscópio. As participantes buscavam, nos cortes de tecidos observados, as mesmas estruturas celulares desenhadas nas ilustrações que utilizávamos nas aulas teóricas (retiradas de slides e livros didáticos). Essa expectativa das estudantes corroborou para nós a ideia de que elas compreendiam que tais representações eram um retrato fiel da realidade.

A ontologia refere-se à forma como se concebe o objeto de estudo, o qual é descrito e explicado por meio das categorias e dos conceitos organizados hierarquicamente. O conteúdo científico precisa ser interpretado no marco de sistemas de interação. Em geral, os estudantes tendem a substancializar ou materializar os conceitos científicos, explicando-os de maneira isolada. A mudança conceitual, nesse caso, requer deixar de conceber o objeto de estudo como estados da matéria ou processos isolados e interpretá-los em termos de processos em interação (Pozo; Gómez Crespo, 2009). Dessa forma, quanto aos princípios ontológicos, nos três casos estudados, ocorreram dificuldades para abstrair conceitos, generalizar e diferenciar estruturas, funções, processos e sistemas. Além disso, as estudantes também atribuíam características do nível macroscópico a componentes do nível microscópico.

No caso da Biologia, o objeto de estudo é a vida, tendo em vista os processos e fenômenos que constituem sua origem, manutenção e evolução na Terra. Os seres vivos, com exceção dos vírus, são constituídos por células, as quais são "o elemento nuclear do princípio de organização" (Pinheiro; Echala; Queiroz, 2022, p. 19). Nesse sentido, a célula é um conceito central no estudo da Biologia. No caso de os estudantes conceberem as células como unidades materiais isoladas, é possível que apresentem dificuldades para compreender o funcionamento dos organismos vivos a partir dos processos realizados por elas, numa perspectiva sistêmica.

Quando estudávamos sobre os vasos sanguíneos, por exemplo, as aprendizes apresentaram dificuldades para separar as características gerais da estrutura (vaso sanguíneo) e compreender que se tratava de uma categoria hierarquicamente mais abrangente, diferenciando-se em artérias, veias e capilares. Elas concebiam os vasos como partes isoladas do corpo humano, reunindo todos na categoria veia, conforme a terminologia utilizada no cotidiano. Ao visualizarem as estruturas no microscópio, as aprendizes se surpreenderam, pois não entenderam de início as semelhanças entre os três tipos de vasos sanguíneos, evidenciando uma dificuldade, no nível ontológico, quanto à interpretação dos conceitos em termos de sistemas.

Nessa direção, Sá *et al.* (2010) explicam que os estudantes podem apresentar uma "interpretação distorcida diante de conteúdos científicos abstratos" (p. 568), assim como uma visão fragmentada da teoria científica "quando reduzem o todo a seus constituintes fundamentais e tentam explicar os fenômenos a partir deles, perdendo a capacidade de entender as atividades do sistema" (p. 569). Observamos esses aspectos nas três participantes, o que nos auxiliou na caracterização das dificuldades de aprendizagem quanto aos princípios ontológicos.

A dificuldade de conceber os conceitos científicos na perspectiva da categoria ontológica de interação reverbera na dificuldade em compreender as relações sistêmicas existentes entre os variados processos realizados pelo corpo humano. De acordo com Pozo e Gómez Crespo (2009), a teoria científica apresenta um esquema conceitual mais complexo do que as teorias implícitas dos estudantes. Desse modo, o conhecimento científico está fundamentado na compreensão dos conceitos em termos de interação, conservação e equilíbrio, que podem ser expressos em relações quantitativas. Acerca dos princípios conceituais, evidenciamos, nos três casos, a compreensão simplista e fragmentada das estruturas e dos processos biológicos, resultante, provavelmente, da ênfase na aprendizagem dos fatos ou dados da Biologia.

No caso do sistema cardiovascular, um dos temas discutidos nas Bioficinas,

> A mudança de uma representação cotidiana para uma representação científica, não se reduz, exclusivamente, ao conhecimento do trajeto do sangue no organismo nem nas estruturas implicadas nele (coração e vasos sanguíneos), mas implica compreender que, no sistema circulatório, ocorrem processos diversos que afetam todo o organismo (Manjón; Angón, 2007, p. 204, tradução nossa).

Saber que o coração bombeia o sangue para o corpo e que o sangue circula pelos vasos sanguíneos se refere a uma compreensão de dados e fatos importantes para se entender o funcionamento do sistema cardiovascular. As participantes da pesquisa dominavam essas informações. A dificuldade delas se relacionava ao avanço para a representação científica do referido sistema. Isto demandava reconhecer as múltiplas relações existentes entre as partes que compõem o sistema, assim como entre o sistema cardiovascular e os outros sistemas do organismo, promovendo a compreensão da manutenção do equilíbrio do corpo (homeostase).

Em relação às operações intelectuais necessárias para aprender Biologia, destacamos as formulações de Pozo e Gómez Crespo (2009) sobre a aprendizagem de ciências. De acordo com os autores, é importante que os estudantes, entre outras operações, utilizem estratégias de raciocínio e solução de problemas próprios do trabalho científico; expliquem e apliquem o que é estudado (aprendido) em novas situações; descrevam o que estão fazendo durante uma atividade prática ou a resolução de um exercício; assumam uma posição ativa diante do trabalho científico e do conteúdo estudado; e tentem responder, por si mesmos, às questões, em vez de esperar respostas prontas.

As operações intelectuais acima referidas são, geralmente, características dos tipos de aprendizagens mais sofisticadas, como a compreensiva e a criativa. Essas, de acordo com Mitjáns Martínez e González Rey (2017), são os tipos de aprendizagem que desejamos que os estudantes desenvolvam, em qualquer etapa ou nível de ensino. Em geral, elas demandam autonomia, reflexão, contextualização e utilização do conhecimento em situações diversas. Especificamente, no caso da aprendizagem criativa, o estudante personaliza as informações, as confronta/problematiza e desenvolve elaborações próprias e novas, a partir do que aprendeu (Mitjáns Martínez; González Rey, 2017).

Nos três casos investigados, as estudantes, inicialmente, não assumiam posição autônoma e ativa diante dos estudos de Biologia. As operações mobilizadas para estudar os conteúdos se restringiam à memorização, caracterizando o tipo de aprendizagem como reprodutivo-memorística. Esse tipo de aprendizagem, para obtenção do rendimento esperado na escola, mostrava-se suficiente. No entanto, de acordo com Mitjáns Martínez e González Rey (2017), nesse processo não ocorre a implicação emocional nem o protagonismo do aprendiz, resultando no esquecimento rápido do que foi estudado, sem uma aplicação prática para vida. Evy, Maroca e Sofia consideravam que aprender Biologia era uma obrigação, tendo em vista a necessidade de atender às demandas escolares, bem como a preparação para a prova do ENEM.

No entendimento de Luckesi (2014), a avaliação da aprendizagem realizada nas escolas geralmente leva em consideração apenas a aquisição de notas pelo estudante. Muitas vezes, os aprendizes obtêm um bom rendimento, mas não aprendem o mínimo necessário do que o autor denominou de "aprendizagem plena" (p. 10). Esta refere-se à capacidade de aprender o necessário para subsidiar a aprendizagem da próxima etapa de estudos, tomar decisões no cotidiano e avançar em direção a tipos de aprendizagens mais complexas.

Inicialmente, Evy, Maroca e Sofia não estavam aprendendo o mínimo necessário nem possuíam afinidade ou implicação emocional com o componente curricular de Biologia. Diante dessa realidade, apresentavam uma produção subjetiva que inviabilizava tanto a mudança conceitual profunda quanto a mobilização ou o desenvolvimento de recursos subjetivos, relacionas e operacionais para aprender os conteúdos.

5.2 A dimensão subjetiva das dificuldades de aprendizagem em Biologia

Entre os estudos sobre dificuldades de aprendizagem escolar, fundamentados na Teoria da Subjetividade, retomamos a pesquisa de Rossato (2009), que analisou a organização subjetiva de estudantes, considerando três caminhos analíticos: dificuldades de aprendizagem escolar geradas pela negação da expressão da condição do sujeito em sua ação de aprender; dificuldades geradas pela ausência de condições favoráveis à produção de sentidos subjetivos que promovessem a aprendizagem; e dificuldades de aprendizagem geradas pela presença de configurações subjetivas geradoras de danos.

As análises dos casos de Evy, Maroca e Sofia apontaram para alguns pontos de contato com a produção teórica de Rossato (2009). Todavia, considerando as especificidades do ensino e da aprendizagem de Biologia no ensino médio, elaboramos a presente produção teórica sobre a dimensão subjetiva das dificuldades de aprendizagem de Biologia a partir dos seguintes tópicos de discussão:

1. As dificuldades de aprendizagem constituídas pela mobilização de sentidos subjetivos oriundos da história de vida, que obstaculizavam a produção de recursos subjetivos e operacionais para aprender Biologia.
2. As dificuldades de aprendizagem constituídas pela ausência de condições favoráveis à produção de sentidos subjetivos que promovessem a expressão da condição de agente ou de sujeito, assim como as aprendizagens compreensiva e/ou criativa.

Os dois tópicos de discussão foram produzidos a partir do estudo da configuração subjetiva da ação de aprender Biologia das estudantes participantes da pesquisa, considerando os sentidos subjetivos relacionados à história de vida, os sentidos subjetivos associados à subjetividade social da escola e os sentidos subjetivos produzidos durante as experiências de ensino e de aprendizagem de Biologia.

5.2.1 As dificuldades de aprendizagem constituídas pela mobilização de sentidos subjetivos oriundos da história de vida

No cotidiano escolar e acadêmico, é comum ouvirmos professores afirmarem que os estudantes apresentam dificuldades de aprendizagem, porque "não têm a base" para aprender um determinado conteúdo. Por exemplo: "Este aluno não sabe interpretar porque não aprendeu a ler corretamente" ou "Não consegue resolver problemas complexos porque não aprendeu as operações matemáticas básicas". Essa "base", numa compreensão do senso comum, tem relação com as operações intelectuais que os estudantes desenvolvem (ou não) ao longo da vida escolar. No ensino médio, seriam as operações que se espera que eles tenham desenvolvido durante o ensino fundamental.

No caso da Biologia, essa "base" geralmente se refere aos conteúdos estudados em Ciências, componente curricular do ensino fundamental, que deveria fornecer o aporte teórico de conceitos fundamentais da Biologia, assim como dos conteúdos atitudinais e procedimentais desse componente curricular, auxiliando os estudantes no desenvolvimento de operações intelectuais mais sofisticadas, que os possibilitassem transcender os processos reprodutivos. Nos trabalhos de Aragão (2019), Arend e Del Pino (2017), Carneiro e Dal-Farra (2011) e Pereira, *et al.* (2017), a ocorrência das dificuldades de aprendizagem de Biologia no ensino médio, também é atribuída ao fato de os estudantes não terem aprendido conteúdos básicos no ensino fundamental. Desse modo, a explicação das dificuldades constituídas pela ausência dessa "base operacional", costuma ser recorrente nos estudos sobre o ensino e a aprendizagem da área.

Quando nós, professores, falamos nesta ausência de "base" dos aprendizes, geralmente restringimos as dificuldades de aprendizagem a uma única dimensão (operacional) e deixamos de lado a constituição subjetiva singular de cada estudante. A partir de nosso referencial teórico, investigamos a dimensão subjetiva a partir do estudo da configuração subjetiva da ação de aprender Biologia, considerando a dinamicidade dos sentidos subjetivos produzidos e mobilizados pelos aprendizes do ensino médio, não só em função das condições presentes no momento da aprendizagem, mas originados em outros contextos das suas histórias de vida.

As dificuldades de aprendizagem geralmente tem sua origem em configurações de sentidos subjetivos organizadas no processo de aprender do estudante. Esses sentidos subjetivos tem gêneses diversas, como, por exemplo, os sentidos subjetivos produzidos por eles em suas experiências escolares anteriores (Mitjáns Martínez; González Rey, 2017). Dessa forma, no ensino fundamental, durante os estudos do componente curricular de Ciências, os aprendizes não desenvolvem as operações intelectuais de forma isolada, mas em uma relação complexa com a sua produção subjetiva sobre os assuntos estudados e sobre como eles são apresentados/abordados pelos professores. Dependendo desse processo de subjetivação, tanto do conteúdo quanto da relação com os outros (professores, colegas, familiares), os estudantes podem, no ensino médio, mobilizar sentidos subjetivos que favoreçam ou inviabilizem a aprendizagem.

Nos casos de Evy, Maroca e Sofia, um aspecto central da configuração subjetiva da ação de aprender Biologia, era a concepção que elas sustentavam, de que aprender os conteúdos do componente curricular seria equivalente a memorizá-los. Isto significa afirmar que as estudantes subjetivavam a aprendizagem do componente curricular como um processo reprodutivo-memorístico. Essa produção subjetiva estava presente desde o estudo de Ciências, realizado no nível fundamental, e continuava sendo mobilizada durante o ensino médio.

Essas operações de memorização (reprodutivas) eram eficientes do ponto de vista do rendimento escolar. As estudantes recebiam notas adequadas à aprovação, e a produção subjetiva social, tanto no ensino fundamental quanto no ensino médio, reforçava a representação de que elas eram "estudantes excelentes" mediante as boas notas alcançadas.

Durante os estudos de Biologia, em todas as etapas e níveis de ensino, os aprendizes experimentam diversas emoções. Alda *et al.* (2019) afirmam que as emoções e a aprendizagem se relacionam reciprocamente e, muitas vezes, os resultados de uma aprendizagem podem estar relacionados com as emoções vivenciadas em níveis de ensino anteriores. No âmbito da Teoria da Subjetividade, aprender também pode ser um processo de produção subjetiva, que não se reduz ao cognitivo, sendo os processos simbólicos inseparáveis dos emocionais (Mitjáns Martínez; González Rey, 2017).

Nesse entendimento, destacamos a categoria de sentido subjetivo, que representa um sistema simbólico-emocional, em que esses dois aspectos se evocam reciprocamente. Os sentidos subjetivos permitem-nos interpretar o envolvimento afetivo do estudante na sua ação de aprender (González Rey, 2006). Essa interpretação não ocorre de forma isolada, no momento concreto da ação, mas podem decorrer de "emoções que têm sua origem em sentidos subjetivos muito diferentes, trazendo ao momento atual do aprender, momentos de subjetivação produzidos em outros espaços e momentos da vida" (p. 34).

Evy, Maroca e Sofia mobilizavam sentidos subjetivos desfavoráveis à aprendizagem de Biologia, como desinteresse e a aversão ao componente curricular, além da concepção de que a memorização era suficiente para aprender os conteúdos. Interpretamos que esses sentidos tinham sua gênese nas experiências dos estudos de Ciências no ensino fundamental, sem uma implicação emocional que despertasse afeição pelo estudo do componente curricular. No caso de Sofia, destacamos a relação afetiva estabelecida com o professor de Biologia no ensino médio, que também era fonte de sentidos subjetivos de insatisfação, em razão do período de ensino remoto emergencial, pois não houve tempo de estabelecer um vínculo afetivo satisfatório com o docente.

Além disso, a crença das estudantes na necessidade de "decorar" todo o conteúdo de Biologia, considerado extenso e rico em termos técnico-científicos – muitos deles derivados de outras línguas, como o latim – fomentava a produção de sentidos subjetivos de desconfiança quanto à própria capacidade de aprender. Essa percepção se manifestava desde o ensino fundamental e persistia durante o ensino médio.

5.2.2 As dificuldades de aprendizagem, constituídas pela ausência de condições favoráveis à produção de sentidos subjetivos que promovessem a expressão da condição de agente ou de sujeito, consequentemente, limitavam as aprendizagens compreensivas e criativas

As três estudantes expressavam, em geral, a condição de agente em sua ação de estudar. Elas apresentavam motivação para aprender, considerando as demandas da escola, as imposições familiares (no caso de Evy), e a concepção de que deveriam obter sucesso nos estudos para modificar sua situação socioeconômica (nos casos de Maroca e Sofia). A condição de agente também se manifestava em suas atitudes escolares, pois as participantes atuavam de forma intencional, tomando decisões em seu cotidiano, realizando as tarefas e mobilizando tanto o pensamento quanto as emoções em seus processos de estudo.

As condições de agente ou de sujeito não são características inerentes do indivíduo, podendo ser expressas em alguns espaços e não emergir em outros (González Rey; Mttjáns Martínez, 2017). Assim, no universo social da escola, as estudantes se expressavam como agentes. No entanto, no universo social específico, do componente curricular de Biologia (aulas regulares), a expressão da condição de agente ou de sujeito mostrava-se prejudicada.

A negação do sujeito da aprendizagem foi evidenciada nas pesquisas de Rossato (2009), Bezerra, M., (2014; 2019), Oliveira, A. (2017) e Medeiros (2018). Essas autoras corroboram acerca da importância do desenvolvimento de práticas educativas que reconheçam a singularidade dos aprendizes. Atividades que impossibilitam a expressão da condição de agente ou de sujeito podem favorecer as dificuldades de aprendizagem. Dessa forma, a partir das informações construídas durante nossa pesquisa, consideramos que a negação da condição de agente ou de sujeito, pelas participantes, era produzida na subjetividade social da escola ou da sala de aula de Biologia.

A princípio, destacamos o ensino remoto emergencial. Neste período, as estudantes apresentaram uma produção subjetiva desfavorável à aprendizagem de Biologia. Nos três casos, ocorreu o desapontamento com a instituição em relação à espera para a retomada das aulas e, no caso de Evy, uma produção subjetiva mais intensa, em razão da sua história pessoal de ingresso tardio na educação formal. Maroca e Sofia, embora realizassem as atividades, produziam sentidos subjetivos de insatisfação, pelo impedimento de ir à escola. Sofia, porque sentia-se desconfortável em casa e considerava a escola como o local exclusivo no qual podia interagir socialmente e Maroca, porque não conseguia se concentrar em casa e, muitas vezes, a ela eram atribuídas responsabilidades de resolver problemas domésticos.

Além disso, as práticas educativas realizadas não proporcionavam espaço para emergência da condição de agente ou de sujeito. As estudantes não se manifestavam durante os encontros síncronos das aulas regulares de Biologia, geralmente realizadas por meio da exposição dos conteúdos. As atividades eram realizadas com o apoio de pesquisas na internet e contemplavam questionários, estudos dirigidos ou provas, no formato de formulários, com tempo determinado para conclusão. Mesmo quando realizaram tarefas diferenciadas, como o seminário, a prova oral e o experimento sobre osmose, as aprendizes concentraram seus esforços na reprodução das orientações do professor.

Outro aspecto que não favorecia a expressão da condição de agente ou sujeito pelas estudantes era o processo avaliativo, centrado nas notas. Essa valorização das notas sobrepujava o foco em avaliações qualitativas e profundas, as quais eram altamente valorizadas, em detrimento de avaliações mais qualitativas. O formato das tarefas não promovia a reflexão e a produção própria, reforçando nas aprendizes a concepção de aprendizagem por meio da memorização, mobilizada desde o ensino fundamental. Nesse movimento, as estudantes realizavam as atividades de forma reprodutiva, sem avançar para a aprendizagem compreensiva ou criativa.

Historicamente, as avaliações têm mantido as relações de poder na escola, mediante o controle das notas. A Biologia não está isenta desse processo. Muitas vezes, o professor concebe o processo avaliativo como uma ação pontual, exigindo a reprodução do conteúdo científico que ministrou. Os aprendizes, por sua vez, procuram se adequar às normas impostas pelo sistema escolar, memorizam e reproduzem os assuntos, na busca pela aprovação (Justina; Ferraz, 2009).

O modo como Evy, Maroca e Sofia se sentiam em relação aos colegas nas aulas de Biologia, também contribuía para negação da emergência da condição de agente ou de sujeito. No contexto da sala de aula, elas reconheciam colegas que tinham mais afinidade com o componente curricular. Eles se manifestavam livremente, inclusive debatendo com a professora e, muitas vezes, apresentando aspectos novos a respeito dos conteúdos ministrados. Evy, Maroca e Sofia acreditavam que tinham dificuldades de aprendizagem de Biologia e, por isso, produziam sentidos subjetivos de insegurança e vergonha para se manifestar durante as aulas, mesmo que, em alguns momentos, desejassem perguntar algo à professora.

Nesse sentido, as estudantes apresentavam uma produção subjetiva de inferioridade em relação aos colegas que participavam mais das aulas. Especificamente no caso de Maroca, a participante acreditava que a professora conferia mais atenção a esses estudantes. Ressaltamos que a aprendiz não expressava suas dificuldades diretamente para a professora, mesmo quando ela perguntava, após as explicações, se os estudantes haviam compreendido o conteúdo ministrado. Também não foram propostos momentos de autoavaliação ou para retirada de dúvidas individualmente, e o processo avaliativo seguia o formato padronizado para todos os aprendizes das turmas.

A escola ainda mantém uma representação muito intelectual e instrumentalizada da aprendizagem, que separa as emoções e as operações intelectuais (Mitjáns Martínez; González Rey, 2017). Pensar a aprendizagem como produção subjetiva, requer compreender que as operações também podem e devem ser configuradas subjetivamente pelos estudantes, compondo um sistema complexo que envolve a produção e/ou a mobilização de sentidos subjetivos. De acordo com Rossato (2009, p. 178):

> O que acontece, muitas vezes, é que esse sentido subjetivo produzido na ação e relação que envolve a aprendizagem não é favorável à ocorrência da mesma, podendo ser produzidos sentidos subjetivos que se converterão em desdobramentos impossíveis de controlar.

Evy, Maroca e Sofia subjetivavam a Biologia como um componente curricular difícil e não acreditavam na sua capacidade de aprender os conteúdos que, na concepção delas, deveria ser memorizado em todos os seus aspectos. Todas elas afirmavam não ter afinidade com Biologia, desde o ensino fundamental, pois sempre caracterizaram a disciplina como muito complexa e repleta de termos técnicos que deveriam ser decorados. A dificuldade para aprender os conteúdos, que elas acreditavam possuir, favorecia a produção de sentidos subjetivos de constrangimento e inferioridade em relação aos colegas, inviabilizando a expressão e manifestação durante as aulas, o que poderia auxiliar na aprendizagem das participantes.

Outro aspecto comum às três aprendizes era o fato de que elas não gostavam de estudar Biologia e não se interessavam em se aprofundar. As estudantes assistiam às aulas, realizavam as tarefas mecanicamente e estudavam apenas antes das provas, para realização dos exames e obtenção das notas. Esse movimento de estudo era eficiente, especialmente para as avaliações com questões objetivas, e promovia a aprovação nos bimestres letivos, sendo fonte de sentidos subjetivos de satisfação exclusivamente em relação à cultura escolar de valorização do rendimento.

Quando as provas eram discursivas, com questões que exigiam interpretação ou contextualização dos assuntos, as aprendizes apresentavam dificuldades para sua resolução. Maroca, normalmente, não respondia esse tipo de questões nas provas de Biologia, e Sofia queixava-se da sua grande dificuldade para relacionar o conteúdo com a vida real. Assim, a concepção de que a memorização e a reprodução dos conteúdos era suficiente para aprender Biologia obstaculizava o avanço para as aprendizagens compreensiva e criativa, caracterizando a existência das dificuldades de aprendizagem, uma vez que as estudantes mantinham suas teorias implícitas. Esse tipo de aprendizagem, reprodutivo-memorística, não favorecia a mudança conceitual profunda proposta por Pozo e Gómez Crespo (2009).

Em linhas gerais, as participantes da pesquisa não se sentiam à vontade em sala de aula durante as aulas de Biologia. Também não se sentiam acolhidas no espaço social. Elas produziam sentidos subjetivos de inferioridade e não eram instigadas a se manifestar nem a refletir. No entanto, elas ainda apresentavam motivação para agir dentro deste espaço normativo. Esforçavam-se para alcançar as notas necessárias à aprovação e, quando solicitadas a se autoavaliarem, apontaram suas dificuldades no componente curricular e decidiram participar das atividades propostas nas Bioficinas, o que auxiliou nos processos de mudança discutidos no tópico seguinte.

5.3 As mudanças subjetivas envolvidas na superação das dificuldades de aprendizagem em Biologia

A superação das dificuldades de aprendizagem requer processos de mudança e desenvolvimento subjetivo, que favoreçam a expressão da condição de sujeito pelos estudantes (Rossato, 2009; Oliveira, A., 2017; Medeiros, 2018; Bezerra, M., 2019). O desenvolvimento subjetivo acontece de maneira singular para cada indivíduo e não apresenta estágios regulares (González Rey; Mitjáns Martínez, 2017a). Por isso, a investigação da configuração subjetiva da ação é importante para a compreensão das dificuldades de aprendizagem e seus processos de superação, tendo em vista a história de vida e as produções subjetivas individuais de cada aprendiz.

A Biologia é um componente curricular das áreas das Ciências da Natureza que possui características de ensino e aprendizagem específicas. De acordo com Alves *et al.* (2022), as teorizações do socioconstrutivismo espanhol auxiliam na compreensão da dimensão operacional das dificuldades de aprendizagem em ciências, tendo em vista as especificidades dos conteúdos. Nesta perspectiva, de acordo com Pozo e Gómez Crespo (2009), a superação das dificuldades de aprendizagem ocorre diante da mudança conceitual profunda, considerando as modificações nos princípios epistemológicos, ontológicos e conceituais, que fundamentam as teorias implícitas dos estudantes.

No trabalho realizado com Evy, Maroca e Sofia, investigamos a superação das dificuldades de aprendizagem de Biologia, por meio do estudo da configuração subjetiva da ação de aprender Biologia e tendo em conta que as operações intelectuais necessárias para a aprendizagem dos conteúdos também podem ser configuradas subjetivamente. Desse modo, as compreensões sobre as mudanças subjetivas envolvidas na superação das dificuldades de aprendizagem também podem abarcar o processo de mudança conceitual profunda, uma vez que na perspectiva da Teoria da Subjetividade, o subjetivo e o operacional não se relacionam de maneira dicotômica, mas recíproca. A produção ou mobilização de um recurso subjetivo pode abrir caminho ou viabilizar o desenvolvimento de um recurso operacional e/ou vice-versa.

A produção de novos sentidos subjetivos, durante as aprendizagens de tipo compreensiva ou criativa, acarretam mudanças nas configurações subjetivas ou reconfigurações subjetivas. Quando se estabiliza, a nova configuração pode se tornar uma configuração subjetiva do desenvolvimento, ao mobilizar recursos subjetivos que ampliam a capacidade de ação, relação e posicionamento da pessoa em outras áreas da vida, promovendo o desenvolvimento subjetivo (González Rey; Mitjáns Martínez, 2017a; Goulart; Mitjáns Martínez, 2023).

O processo de superação das dificuldades de aprendizagem ocorre de forma singular em cada aprendiz e em tempos diferentes. Nem sempre é possível, no processo de pesquisa, observar a mobilização de novos recursos subjetivos ou configurações subjetivas do desenvolvimento, que se manifestam em diversas áreas da vida do estudante (Rossato, 2009). Dessa forma, nos casos apresentados, consideramos que ocorreu a produção de novos sentidos subjetivos e mudanças na configuração subjetiva da ação de aprender Biologia, favorecendo a produção e mobilização de recursos subjetivos, operacionais e relacionais, proporcionando a superação das dificuldades de aprendizagem às estudantes.

As três participantes da pesquisa mantinham um bom rendimento no componente curricular Biologia, contudo, lançavam mão de processos reprodutivo-memorísticos para realizar suas tarefas e avaliações. Mesmo diante das boas notas, ao se autoavaliarem, informaram possuir dificuldades de aprendizagem em Biologia. No espaço escolar, elas não seriam identificadas como estudantes com dificuldades de aprendizagem. O processo de autoavaliação, desenvolvido para o diagnóstico inicial das participantes, oportunizou que elas expressassem como realmente se sentiam em relação ao componente curricular. Este foi um momento importante, que pode ter viabilizado o início do processo de mudança, uma vez que, a partir daí elas foram convidadas a participar das Bioficinas e aceitaram, considerando uma oportunidade diferenciada de aprender Biologia.

Conforme avançamos com o desenvolvimento das Bioficinas, especialmente no período presencial, ocorreu a produção de novos sentidos subjetivos para as três participantes, relacionados à segurança para se manifestar, tirar dúvidas, informar o que não estavam compreendendo, solicitar à professora que repetisse determinado assunto e comentar os temas discutidos. Nos casos de Evy e Maroca, a produção de novos sentidos subjetivos de segurança e autoconfiança estendeu-se para a participação nas aulas regulares de Biologia.

Cabe ressaltar que as Bioficinas funcionaram como uma condição favorável para produção ou mobilização desses sentidos subjetivos, uma vez que, segundo as estudantes: reunimos pessoas com o *mesmo problema*. Todas estavam no *mesmo nível*. Assim, diferente das aulas regulares, onde eram os que sabiam mais de Biologia que se manifestavam, nas Bioficinas, elas se sentiam à vontade para expor suas dúvidas e falar livremente com a professora. A segurança e a autoconfiança são condições favoráveis à aprendizagem, pois os estudantes se sentem livres para perguntar, retomar conteúdos e tirar dúvidas.

Com a oportunidade de se manifestar durante as Bioficinas, as aprendizes puderam expor suas concepções acerca dos temas que estávamos estudando, o que nos auxiliou na compreensão de suas teorias implícitas. Nas atividades desenvolvidas, elas explicitaram suas compreensões e, conforme avançamos, incorporaram os conceitos científicos às suas concepções, na perspectiva da integração hierárquica. As práticas que realizamos também contribuíram para a interpretação de modelos (princípios epistemológicos) para a distinção entre as estruturas dos processos nos níveis micro e macroscópico (princípios ontológicos).

No desenvolvimento das tarefas que exigiam a explicitação, o contraste de modelos, a explicação e a contextualização de situações-problema, as estudantes tiveram oportunidades de perceber a importância de compreender o conteúdo numa perspectiva sistêmica a partir da interação entre processos (princípios conceituais).

Nesse sentido, observamos nos três casos a produção de novos sentidos subjetivos em relação à concepção aprendizagem de Biologia. Elas passaram a ter mais consciência de que os processos reprodutivos-memorísticos não eram suficientes para uma aprendizagem relevante, apesar das boas notas. Essa nova produção subjetiva também foi mobilizada nas aulas regulares. Verificamos, durante a resolução das avaliações de Biologia, a predisposição das estudantes para compreender os assuntos e contextualizá-los, resolvendo as tarefas de maneira mais reflexiva e esforçando-se para expressar sua compreensão.

No caso de Evy, destacamos a produção de sentidos subjetivos novos na relação com os colegas da turma, especialmente, com o fortalecimento do vínculo com as demais participantes das Bioficinas. Antes, a estudante mantinha-se isolada e não tinha amigos próximos. Com o estabelecimento da regularidade dos encontros e o tempo que passavam juntas, elas desenvolveram laços de amizade e, inclusive, passaram a sentar próximas na sala de aula. Evy também considerou que aprendeu alguns temas novos e compreendeu melhor outros, que havia estudado anteriormente. Consideramos que essa reflexão favoreceu a produção subjetiva da autoconfiança em sua capacidade de aprender Biologia, assim como a motivação e o interesse pelo estudo do componente curricular de forma distanciada da simples reprodução.

No caso de Maroca, ocorreu a mobilização do interesse pela Biologia, a partir da troca de professora do 2º para o 3º ano. Ela passou a frequentar as aulas com regularidade e a participar das discussões, inclusive perguntando quando tinha dúvidas. A estudante também passou a realizar as atividades de forma mais reflexiva, buscando elaborar suas próprias respostas. Maroca comentou que começou a gostar um pouco mais de Biologia, mas que ainda considerava um componente curricular difícil e a estudava pela obrigação de obter boas notas.

No caso de Sofia, ocorreu a mobilização de sentidos subjetivos novos de simpatia em relação aos estudos de Biologia, a partir do retorno das aulas presenciais pela possibilidade da realização de aulas práticas e mais contextualizadas. Também observamos na estudante a produção de novos sentidos subjetivos sobre a importância de compreender os conteúdos estudados, superando os processos de reprodução. Sofia passou a realizar as atividades, buscando elaborar suas próprias explicações, demonstrando mais confiança na sua compreensão do conteúdo. Ela também manifestou que passou a gostar mais de Biologia, todavia, ainda acreditava não ser capaz de gravar todo conteúdo que precisava para a prova do ENEM.

Em síntese, nas Bioficinas as estudantes foram incentivadas à aprendizagem compreensiva, valorizadas quando se expressavam sendo acolhidas entre iguais (*todas aqui temos dificuldades em Biologia, professora*, disse Maroca, numa conversa informal). As atividades realizadas contribuíram no sentido de possibilitar a produção e a mobilização de diferentes sentidos subjetivos, que favoreceram o processo de superação das dificuldades de aprendizagem, na medida em que alguns recursos operacionais também foram mobilizados e se desenvolveram ao longo dos estudos.

As práticas educativas propostas nas Bioficinas foram planejadas com a intencionalidade de favorecer a superação das dificuldades de aprendizagem de Biologia, preocupando-se com os aspectos subjetivos, operacionais e relacionais, compreendidos numa perspectiva indissociável. Dessa forma, o espaço de estudo favoreceu uma produção subjetiva das estudantes, o que possibilitou a superação das dificuldades de aprendizagem de Biologia.

Conforme afirmamos anteriormente, ocorreu nos três casos estudados a superação das dificuldades de aprendizagem em Biologia, favorecida por mudanças subjetivas na configuração subjetiva da ação de aprender. Importa ressaltar que a mudança subjetiva é o ponto de partida para o desenvolvimento subjetivo. Contudo, a confirmação desse desenvolvimento demanda tempo e investigação em outros espaços da vida dos participantes da pesquisa. Neste trabalho, Evy, Maroca e Sofia também apresentaram mudanças no contexto das aulas regulares de Biologia e na série seguinte (terceiro ano), sentindo-se mais seguras e confiantes, assim como nas Bioficinas.

CONSIDERAÇÕES FINAIS

As dificuldades de aprendizagem de Biologia no ensino médio têm recebido um foco secundário nos estudos sobre os processos de ensino-aprendizagem desta área. Poucas vezes, tais dificuldades têm sido analisadas na sua complexidade constitutiva. Mesmo quando assume o primeiro plano nas investigações, a dimensão cognitivo-operacional é enfatizada. Neste livro, apresentamos uma contribuição para a área, ao caracterizar as dificuldades de aprendizagem de Biologia, considerando suas dimensões subjetiva e operacional. A pesquisa relatada é a primeira que estende o modelo teórico sobre a superação das dificuldades de aprendizagem, fundamentado na Teoria da Subjetividade, para o estudo de adolescentes em níveis mais avançados de escolarização.

Na perspectiva da Teoria da Subjetividade e da Epistemologia Qualitativa, tanto a pesquisa quanto a prática profissional objetivam o desenvolvimento subjetivo dos participantes. O diálogo, propício à produção de sentidos subjetivos, é uma característica central dessas pesquisas e práticas. Nelas, o conhecimento sobre os processos subjetivos é construído interpretativamente, e tal construção pretende dar conta da configuração subjetiva, complexa, de cada participante. Assim, cada estudo de caso contribui para a elaboração do modelo teórico, que gera inteligibilidade sobre o processo em foco, em nosso caso, a superação das dificuldades de Biologia no ensino médio.

As construções-interpretativas oriundas dos casos de Evy, Maroca e Sofia nos permitiram compreender que suas dificuldades de aprendizagem em Biologia eram resultantes da produção de sentidos subjetivos desfavoráveis à aprendizagem e à expressão das aprendizes como agentes ou sujeitos. A superação de tais dificuldades demandou condições favorecedoras da produção de novos sentidos subjetivos, favoráveis à aprendizagem, e da emergência das estudantes como agentes ou sujeitos da própria aprendizagem. A produção de novos sentidos subjetivos engendrou processos de mudança nas configurações subjetivas e constituíram recursos subjetivos, relacionais e operacionais para uma aprendizagem compreensiva, contrastante com a aprendizagem memorística-reprodutiva que elas apresentavam antes. Tais mudanças se tornaram estáveis e ampliaram as possibilidades de ação e relação das participantes, impulsionando o desenvolvimento subjetivo delas na direção da superação de suas dificuldades de aprendizagem de Biologia.

Na epígrafe deste livro, citamos a frase de Pozo e Gómez Crespo (2009, p. 86): "Cada leitor constrói seu próprio livro, assim como cada espectador constrói seu próprio filme ou cada aluno constrói sua própria física, sua própria química ou sua própria Biologia". Ao escrevê-la, os autores se referiam às concepções alternativas que os discentes comumente utilizam para entender os conteúdos científicos ensinados na educação básica.

As concepções alternativas dos discentes, de acordo com Pozo e Gómez Crespo (2009), não são falhas de seu sistema cognitivo, nem resultado de erros ou irregularidades. Essa forma de explicar ou conhecer o mundo a partir de sua "própria ciência" é constituída na aprendizagem informal e implícita, socialmente e culturalmente compartilhada, que dá sentido às atividades cotidianas. Essas concepções são sistematicamente organizadas e possuem princípios epistemológicos, ontológicos e conceituais distintos daqueles do conhecimento científico.

Ao pensar a Biologia a partir das operações necessárias que os discentes precisam desenvolver para aprendê-la, é importante que eles passem a compartilhar as produções teóricas e os modelos científicos, transcendendo os modelos da cultura cotidiana ou, na concepção dos autores, integrem hierarquicamente o conhecimento intuitivo ao conhecimento científico. Para isso, Pozo e Gómez Crespo (2009) destacam que, no processo de ensino, se faz necessário conhecer como as teorias implícitas dos discentes se organizam e buscar, por meio da explicação e do contraste de modelos, uma mudança conceitual profunda em relação aos conteúdos estudados.

Neste livro, convidamos o leitor a refletir sobre a aprendizagem de Biologia concebida como um processo de produção subjetiva. Nesta compreensão, de acordo com Mitjáns Martínez e González Rey (2017, p. 71), "o operacional participa da aprendizagem dentro de configurações subjetivas". No processo de ensino-aprendizagem, as operações desenvolvidas pelos discentes, podem gerar sentidos subjetivos que favoreçam ou desfavoreçam a aprendizagem. Estes sentidos subjetivos não se separam dos que integram a configuração subjetiva da ação de aprender do estudante (Mitjáns Martínez; González Rey, 2017).

Nos casos de Evy, Maroca e Sofia, a memorização era a principal operação que elas realizavam para estudar Biologia. Esse processo obstaculizava a emergência de operações mais sofisticadas, como a contextualização, a interpretação e a compreensão sistêmica dos conceitos e fenômenos biológicos, essenciais para a mudança conceitual. Elas acreditavam e valorizavam essa forma de aprender Biologia desde o ensino fundamental. Como tinham dificuldades para memorizar, não gostavam de estudar Biologia e faziam isso por obrigação, visando à aprovação nos processos seletivos. Sentiam-se inferiores aos colegas e inibidas para interagir e participar das aulas.

A partir dos diálogos nas Bioficinas, elas foram se mobilizando e produzindo novos sentidos subjetivos de segurança e autonomia, percebendo que eram capazes de aprender e reconhecendo o valor de uma aprendizagem diferenciada da memorização e da reprodução. Nesse contexto, a qualidade das práticas educativas desenvolvidas é essencial para o processo de mudança subjetiva, visando à mobilização ou à produção dos recursos favorecedores dos tipos de aprendizagem de Biologia desejáveis. Importa que essas estratégias sejam pautadas na promoção do diálogo, no estabelecimento de laços afetivos de confiança e na busca pela compreensão da singularidade dos estudantes, incentivando sua autonomia e protagonismo, ou seja, considerando a aprendizagem também em sua dimensão subjetiva.

Alcançar os objetivos do ensino de Biologia, promovendo as aprendizagens compreensiva e criativa, assim como a emergência dos aprendizes como agentes ou sujeitos, demanda de nós, professores, o planejamento e a execução de estratégias educativas que estabeleçam um canal dialógico com os nossos estudantes e que os auxiliem na construção de uma concepção de aprendizagem diferenciada da memorização e reprodução dos conteúdos.

No trabalho que apresentamos neste livro, as Bioficinas foram estratégias educativas que consideramos favorecedoras da superação das dificuldades de aprendizagem em Biologia pelas estudantes. As atividades realizadas nos encontros contribuíram para a produção e mobilização por parte das estudantes de diferentes sentidos subjetivos, assim como de recursos relacionais e operacionais, que possibilitaram a elas uma maneira nova de aprender Biologia.

No decorrer das atividades, por meio dos instrumentos utilizados, conhecemos melhor as discentes, especialmente suas histórias de vida e relações sociais relacionadas ao estudo da Biologia. Dessa forma, foi possível personalizar o processo de ensino, assim como o planejamento das estratégias adotadas. Destacamos, portanto, a importância de compreender a aprendizagem como produção subjetiva, pois permite-nos pensar a superação das dificuldades de aprendizagem de Biologia a partir de um novo olhar, considerando a complexidade dos processos simbólico-emocionais, individuais e sociorrelacionais presentes na ação de aprender.

REFERÊNCIAS

ALDA, J. A. G. O.; MARCOS-MERINO, J. M.; GÓMEZ, F. J. M.; JIMÉNEZ, V. M.; GALLEGO, R. E. Emociones académicas y aprendizaje de biología, una asociación duradera. **Enseñanza de las ciencias**, Vigo, Espanha, v. 37, n. 2, p. 43-61, 2019. Disponível em: https://www.raco.cat/index.php/Ensenanza/article/download/356153/448098. Acesso em: 10 mar. 2023.

ALMEIDA, E. F.; OLIVEIRA, E. C.; LIMA, A. G.; ANIC, C. C. Cinema e biologia: a utilização de filmes no ensino de invertebrados. **Revista de ensino de biologia da SBEnBIO**, Florianópolis, v. 12, n. 19, p. 3-21, 2019. Disponível em: http://sbenbio.journals.com.br/index.php/sbenbio/article/view/174. Acesso em: 24 mar. 2020.

ALVES, J. M.; PARENTE, A. G. L.; BEZERRA, H.; BEZERRA, S. O subjetivo e o operacional na superação das dificuldades de aprendizagem em ciências. **Revista ensaio**: pesquisa em educação em ciências, Belo Horizonte, v. 24, p. 1-14, 2022. Disponível em: http://dx.doi.org/10.1590/1983-21172022230101. Acesso em: 7 jan. 2022.

ARAGÃO, K. C. M. B. **Uma proposta pedagógica para o ensino de Biologia**: a inserção de atividades práticas nas aulas de fisiologia humana do ensino médio. 2019. 161 f. Dissertação (Mestrado em Ensino de Biologia em Rede Nacional) – Universidade de Brasília, Brasília, 2019.

AREND, F. L.; DEL PINO, J. C. Uso de questionário no processo de ensino e aprendizagem em Biologia. **Revista de ensino de biologia da SBEnBIO**, Florianópolis, v. 10, n. 1, p. 72-86, 2017. Disponível em: http://sbenbio.journals.com.br/index.php/sbenbio/article/view/36. Acesso em: 24 mar. 2021.

BANNET, E. La Enseñanza y el Aprendizaje del conocimiento biológico. *In:* PELACIOS, F. J. P.; LEÓN, P. C. **Didáctica de las ciencias experimentales**: teoría y práctica de la enseñanza de las ciencias. Espanha: Marfil, 2000. p. 449-478.

BARROS, A. T. C.; ARAÚJO, J. N. Aula de campo como metodologia para o ensino de ecologia no ensino médio. **Areté**: revista amazônica de ensino de ciências, Manaus, v. 9, n. 20, p. 80-88, n. esp., 2016. Disponível em: http://periodicos.uea.edu.br/index.php/arete/article/view/249. Acesso em: 8 out. 2019.

BEZERRA, H. P. S. **Processos subjetivos na superação das dificuldades de aprendizagem de Biologia.** 2023. Tese (Doutorado em Educação em Ciências e Matemáticas) – Universidade Federal do Pará, Belém, 2023.

BEZERRA, H. P. S.; ALVES, J. M. Estado da arte sobre a superação das dificuldades de aprendizagem em pesquisas na área de ensino de Biologia. **Revista de ensino de biologia da SBEnBio**, Florianópolis, v. 16, n. 1, p. 73-96, 2023. Disponível em: https://doi.org/10.46667/renbio.v16i1.901. Acesso em: 10 abr. 2024.

BEZERRA, H.; ALVES, J. M. Revisão da literatura sobre dificuldades de aprendizagem de Biologia no ensino médio. *In:* ENCONTRO NACIONAL DE PESQUISA EM EDUCAÇÃO EM CIÊNCIAS (ENPEC EM REDES), 13., [*s. l.*]. **Anais** [...], [*online*]: Abrapec, 2021.

BEZERRA, M. S. **Dificuldades de aprendizagem e subjetividade**: para além das representações hegemônicas do aprender. 2014. 157 f. Dissertação (Mestrado em Educação) – Universidade de Brasília, Brasília, 2014.

BEZERRA, M. S. **Educação, subjetividade e desenvolvimento humano**: construindo alternativas para a avaliação psicológica das dificuldades de aprendizagem, em uma perspectiva investigativa. 2019. 218 f. Tese (Doutorado em Educação) – Universidade de Brasília, Brasília, 2019.

BIZZO, N. **Metodologia do ensino de Biologia e estágio supervisionado**. 1. ed. São Paulo: Ática, 2012. 168p.

BRASIL. **Base Nacional Comum Curricular (BNCC)**: educação é a base: Ensino Médio. Brasília, DF: Ministério da Educação, 2017. Disponível em: http://basenacionalcomum.mec.gov.br/ Acesso em: 29 mar. 2020.

BRASIL. **Lei n.º 11.892 de 29 de dezembro de 2008**. Institui a Rede Federal de Educação Profissional, Científica e Tecnológica e Cria os Institutos Federais de Educação, Ciência e Tecnologia. Brasília, DF: Presidência da República, 29 dez. 2008. Disponível em: https://www.planalto.gov.br/ccivil_03/_ato2007-2010/2008/lei/l11892.htm. Acesso em: 21 abr. 2021.

BRASIL. **Orientações Curriculares para o Ensino Médio**: Ciências da Natureza, Matemática e suas Tecnologias. Brasília, DF: Ministério da Educação, 2006. 2 v.

BRASIL. **Lei n.º 9.394 de 20 de dezembro de 1996**. Lei de Diretrizes e Bases da Educação Brasileira. Brasília, DF: Presidência da República, 20 dez. 1996.

Disponível em: https://www.planalto.gov.br/ccivil_03/leis/l9394.htm. Acesso em: 17 abr. 2021.

CACHAPUZ, A.; PRAIA, J.; JORGE, M. **Ciência, educação em ciências e ensino de ciências**. 1. ed. Lisboa: Instituto de Inovação Educacional, 2002. (Coleção Temas de investigação).

CAMPOLINA, L.O.; LAMPERT, H.; GUARITÁ, L.P. Subjetividade social e as representações dos estudantes na formação em psicologia. *In:* ROSSATO, M.; PERES, V.L.A (org.). **Formação de educadores e psicólogos**. Curitiba: Appris, 2019. p. 177-197.

CARDINALLI, C. **Uma análise da configuração subjetiva do aluno com dificuldade de aprendizagem**. 2006. 124 f. Dissertação (Mestrado em Psicologia Escolar) – Pontifícia Universidade Católica de Campinas, Campinas, 2006.

CARNEIRO, S. P.; DAL-FARRA, R. A. As situações-problema na aprendizagem dos processos de divisão celular. **Acta Scientiae**, Canoas, v. 13, n. 1, p. 121-139, jan./jun., 2011. Disponível em: http://www.periodicos.ulbra.br/index.php/acta/issue/view/1. Acesso em: 13 jun. 2019.

CARR, W.; KEMIS, S. **Teoría crítica de la enseñanza**: la investigación-acción en la formación del profesorado. Barcelona: Martínez Roca, 1988.

CASAS, L. L.; AZEVEDO, R. O. M. Contribuições do jogo didático no ensino de embriologia. **Areté**: revista amazônica de ensino de ciências, Manaus, v. 4, n. 6, p. 80-91, jan./jul., 2011. Disponível em: http://periodicos.uea.edu.br/index.php/arete/article/view/17. Acesso em: 8 out. 2019.

CASTILHO, R. Vasos sanguíneos. **Toda matéria**, [*s. l.*], [ca. 2025]. Disponível em: https://www.todamateria.com.br/vasos-sanguineos/. Acesso em: 29 jul. 2024.

COORDENAÇÃO DE APERFEIÇOAMENTO DE PESSOAL DE NÍVEL SUPERIOR (CAPES). **Lista de consulta geral de periódicos**. Qualis-Periódicos. Quadriênio 2013-2016. Brasília, DF: Plataforma Sucupira/CAPES, 2016. Disponível em: https://sucupira.capes.gov.br/sucupira/public/consultas/coleta/veiculoPublicacaoQualis/listaConsultaGeralPeriodicos.jsf. Acesso em: 15 jun. 2019.

DIAS, M. A.; NÚNEZ, I. B.; RAMOS I. C. O. Dificuldade na aprendizagem dos conteúdos: uma leitura a partir dos resultados das provas de Biologia do vestibular da Universidade Federal do Rio Grande do Norte (2001 a 2008). **Revista educação em questão**, Natal, v. 37, n. 23, p. 219-243, jan./abr. 2010. Disponível em: https://periodicos.ufrn.br/educacaoemquestao/article/view/3984 Acesso em: 12 jun. 2019.

EGLER, V.L.P. **Aprendizagens de professoras na ação pedagógica**: compreensões a partir da Teoria da Subjetividade. 2022. 190 f. Tese (Doutorado em Educação) –Universidade Federal de Brasília, Brasília, 2022.

CUNHA, A. **Ciranda lúdica**: subjetividade, docência e ludicidade. 2018. 204 f. Tese (Doutorado em Educação em Ciências e Matemática) – Universidade Federal do Pará, Pará, 2018.

FREITAS, L. M.; GHEDIN, E. Configurações teóricas da produção doutoral brasileira sobre recursos didáticos no ensino de Biologia (1972-2014). **Ensaio**: pesquisa em educação em ciências, Belo Horizonte, v. 21, n. 2934, p. 1-24, 2019. DOI: http://dx.doi.org/10.1590/1983-21172019210106. Acesso em: 10 jun. 2021.

GAMBOA, S. S. **Epistemologia da pesquisa em educação**. Campinas: Práxis, 1998.

GARCÍA, E. Y. R.; BERMÚDEZ, R. D. P. La enseñanza del sistema digestivo y nutrición a través del enfoque de investigación dirigida. **Bio-grafía**: escritos sobre la biología y su enseñanza, Colombia, ed. extra., p. 918-925, 2017. Disponível em: https://revistas.pedagogica.edu.co/index.php/bio-grafia/article/view/7256. Acesso em: 23 mar. 2020.

GATTI, B.; ANDRÉ, M. (2010). A relevância dos métodos de pesquisa qualitativa em educação no Brasil. *In*: WELLER, Wivian; PFAFF, Nicole (org.). **Metodologias da pesquisa qualitativa em educação**. Petrópolis: Vozes, 2010. p. 29-38.

GONZÁLEZ REY, F. L. A epistemologia qualitativa vinte anos depois. *In*: MITJÁNS MARTÍNEZ, A.; GONZÁLEZ REY, F. L.; PUENTES, R. V. (org.). **Epistemologia qualitativa e teoria da subjetividade**: discussões sobre educação e saúde. Uberlândia: EDUFU, 2019. p. 21-45.

GONZÁLEZ REY, F. L. Os aspectos subjetivos do desenvolvimento de crianças com necessidades especiais: além dos limites concretos do defeito. *In*: MITÍJANS MARTÍNEZ, A. TACCA, M. C. V. R. **Possibilidades de aprendizagem**: ações pedagógicas para alunos com dificuldade e deficiência. Campinas: Alínea, 2011.

GONZÁLEZ REY, F. L. O sujeito que aprende: desafios do desenvolvimento do tema da aprendizagem na psicologia e na prática pedagógica. *In*: TACCA, M. C. V. R. **Aprendizagem e trabalho pedagógico**. Campinas: Alínea, 2006.

GONZÁLEZ REY, F. L. **Pesquisa qualitativa e subjetividade**: os processos de construção da informação. São Paulo: Cengage Learning, 2005.

GONZÁLEZ REY, F. L. A pesquisa e o tema da subjetividade em educação. **Psicologia da educação**, São Paulo, n. 13, p. 9-15, jul./dez. 2001. Disponível em: http://www.fernandogonzalezrey.com/images/PDFs/producao_biblio/fernando/artigos/educacao_e_subjetividade/A_pesquisa_e_o_tema_da_subjetividade.pdf. Acesso em: 7 maio 2019.

GONZÁLEZ REY, F. L.; MITÍJANS MARTÍNEZ, A. El desarrollo de la subjetividad: una alternativa frente a las teorías del desarrollo psíquico. **Papeles de trabajo sobre cultura, educación y desarrollo humano**, Girona, Universitat de Girona, Departament de Psicologia, v. 13, n. 2, p. 3-20, 2017a. Disponível em: http://psicologia.udg.edu/PTCEDH/menu_articulos.asp. Acesso em: 13 nov. 2019.

GONZÁLEZ REY, F. L.; MITÍJANS MARTÍNEZ, A. **Subjetividade**: teoria, epistemologia e método. Campinas: Alínea, 2017b.

GOULART, D.M.; MITJÁNS MARTÍNEZ, A. Do desenvolvimento da personalidade ao desenvolvimento subjetivo: histórico, momento atual e desafios. *In*: SANTOS, Geandra Claudia Silva. **Desenvolvimento e aprendizagem**: contribuições atuais da teoria cultural-histórica da subjetividade. Curitiba: CRV, 2023. p. 35-57.

INSTITUTO FEDERAL DO AMAPÁ (IFAP). **Plano de Desenvolvimento Institucional (PDI) 2019-2023**. Amapá: IFAP, 2019. Disponível em: http://www.ifap.edu.br/quem-somos/pdi. Acesso em: 11 jul. 2020.

JURASSIC Park: O parque dos dinossauros, 1993, 1 vídeo (3min.). Publicado pelo canal Lembrando cenas. Disponível em: httops://www.youtube.com/watch?v=hAJ0gUu9u-U. Acesso em: 20 set. 2021.

JUSTINA, L. A. D.; FERRAZ, D. F. A Prática avaliativa no contexto do ensino de Biologia. *In*: CALDEIRA, A. M. A.; ARAUJO, E. S. N. N. **Introdução à didática da Biologia**. São Paulo: Escrituras, 2009.

KRASILCHIK, M. **Práticas de ensino de Biologia**. São Paulo: Editora da Universidade de São Paulo, 2004.

LÜDKE, M.; SCOTT, D. O lugar do estágio na formação de professores em duas perspectivas: Brasil e Inglaterra. **Educação e sociedade**, Campinas, v. 39, n. 42, jan./mar., 2018, p. 109-125. Disponível em: https://www.scielo.br/j/es/a/rYN773zRq9P3Y9MWNYjWt4N/. Acesso em: 4 fev. 2020.

LUCKESI, C. C. **Sobre notas escolares**: distorções e possibilidades. São Paulo: Cortez, 2014.

MANJÓN, A. L.; ANGÓN, Y. P.; LEÓN-SÁNCHEZ, R. La naturaleza de las representaciones sobre el sistema circulatorio. *In*: POZO, J. I.; FLORES, F. (coord.). **Cambio conceptual y representacional en el aprendizaje y la enseñanza de la ciencia**. Madri, Espanha: Machado Libros, 2007.

MARQUES, R. C.; SILVEIRA, A. J. T.; PIMENTA, D. N. A pandemia de Covid-19: interseções e desafios para a história da saúde e do tempo presente. *In*: REIS, T. S.; SOUZA, C. M.; OLIVEIRA, M. P.; JÚNIOR, A. A. L. (org.). **Coleção história do tempo presente**. Boa Vista: Editora da UFRR, 2020. 3 v.

MEDEIROS, A. M. A. **Análise dos processos subjetivos de aprendizagem Matemática escolar de crianças consideradas em situação de dificuldade**. 2018. 256 f. Tese (Doutorado em Educação) – Universidade de Brasília, Brasília, 2018.

MEDEIROS, A.M.A.; GOULART, D.M. Artigo parecer: O subjetivo e o operacional na aprendizagem em ciências: uma articulação entre tipos de aprendizagem e tipos de conteúdo. **Revista ensaio**: pesquisa em educação em ciências, Belo Horizonte, v. 24, p. 1-12, jun. 2022. Disponível em: https://doi.org/10.1590/1983-21172022240115. Acesso em: 22 ago. 2022.

MEGLHIORATTI, F.; BRANDO, F. R.; ANDRADE, M.; CALDEIRA, A. M. A. A integração conceitual no ensino de Biologia: uma proposta hierárquica de organização do conhecimento biológico. *In*: CALDEIRA, A. M. A.; ARAUJO, E. (org.). **Introdução à didática da Biologia**. São Paulo: Escrituras, 2009, Edição Kindle, cap X.

MEGLHIORATTI, F.; EL-HANI, C.; CALDEIRA, A. M. A. A centralidade do conceito de organismo no conhecimento biológico e no ensino de Biologia. *In*: CALDEIRA, A. M. A (org.). **Ensino de ciências e matemática**: temas sobre a formação de conceitos. São Paulo: Editora Unesp, 2009. 2 v., p. 33-52. Disponível em: https://static.scielo.org/scielobooks/htnbt/pdf/caldeira-9788579830419.pdf. Acesso em: 11 jul. 2020.

MIRANDA, B. S.; LEDA, L. R.; PEIXOTO, G. F. A importância da atividade prática no ensino de Biologia. **Revista de Educação, Ciências e Matemática**, Duque de Caxias, Unigranrio, v. 3, n. 2, p. 85-101, maio/ago., 2013. Disponível em: http://publicacoes.unigranrio.edu.br/index.php/recm/article/view/2010/1117. Acesso em: 18 mar. 2020.

MITJÁNS MARTÍNEZ, A. Epistemologia qualitativa: dificuldades, equívocos e contribuições para outras formas de pesquisa qualitativa. *In*: MITJÁNS MARTÍNEZ, A.; GONZÁLEZ REY, F. L.; PUENTES, R. V. (org.). **Epistemologia qualitativa e teoria da subjetividade**: discussões sobre educação e saúde. Uberlândia: EDUFU, 2019. p. 47-69.

MITJÁNS MARTÍNEZ, A. Um dos desafios da pesquisa qualitativa: a criatividade do pesquisador. *In*: MITJÁNS MARTÍNEZ, A.; NEUBERN, M.; MORI, V. D. **Subjetividade contemporânea**: discussões epistemológicas e metodológicas. Campinas: Editora Alíneas, 2014, p. 61-86.

MITJÁNS MARTÍNEZ, A.; GONZÁLEZ REY, F. L. **Psicologia, educação e aprendizagem escolar**: avançando na contribuição da leitura cultural histórica. São Paulo: Cortez, 2017.

MITJÁNS MARTÍNEZ, A.; GONZÁLEZ REY, F. L. O subjetivo e o operacional na aprendizagem escolar: pesquisas e reflexões. *In*: MITJÁNS MARTÍNEZ, A.; SCOZ, B. Judith; CASTANHO, M. I. S. (org.). **Ensino e aprendizagem**: a subjetividade em foco. Brasília: Liber Livro, 2012, p. 59-83.

MOL: microscopia online: histologia interativa online. [*S. l.*], c2023. Disponível em: https://mol.icb.usp.br. Acesso em: 29 jul. 2024.

MORAES, V. R. A.; GUIZZETTI, R. A. Percepções de alunos do terceiro ano do ensino médio sobre o corpo humano. **Ciência e educação**, Bauru, v. 22, n. 1, p. 253-270, 2016. Disponível em: http://dx.doi.org/10.1590/1516-731320160010016. Acesso em: 10 mar. 2023.

MOREIRA, J. A.; SCHLEMMER, E. Por um novo conceito e paradigma de educação digital *onlife*. **Revista UFG**, Goiás, v. 20, p. 2-35, 2020. Disponível em: https://revistas.ufg.br/revistaufg/article/view/63438. Acesso em: 7 nov. 2022.

NARDI, R. Memórias do ensino de ciências no Brasil: a constituição da área segundo pesquisadores brasileiros, origens e avanços da pós-graduação. **Revista do IMEA-UNILA**, [*s. l.*], v. 2, n. 2, p. 13-46, 2014. Disponível em: https://ojs.unila.edu.br/ojs/index.php/IMEA-UNILA. Acesso em: 17 ago. 2018.

OLIVEIRA, A. M. C. **Desenvolvimento subjetivo e educação**: avançando na compreensão da criança que se desenvolve em sala aula. 2017. Dissertação (Mestrado em Educação) – Universidade de Brasília, Brasília, 2017.

OLIVEIRA, M. M. **Como fazer pesquisa qualitativa**. 7. ed. Petrópolis: Vozes, 2016.

PARENTE, A.; ALVES, J. M. Aprendizagem em ciências como produção subjetiva de cultura científica escolar. *In*: EDUCAÇÃO EM CIÊNCIAS (ENEC): CRUZAR CAMINHOS, UNIR SABERES, 18., 2019, Porto, Portugal. **Anais** [...], Porto, Portugal: Faculdade de Ciências da Universidade do Porto, 2019.

PEREIRA, P. S.; AZEVEDO, E. S.; MEREB, E. L.; SABÓIA-MORAIS, S. M. T. Montagem de mini herbário e aplicação de jogo didático: uma visão macro e microscópica das estruturas vegetais. **REnCiMa, São Paulo,** v. 8, n. 5, p. 63-79, 2017. Disponível em: http://revistapos.cruzeirodosul.edu.br/index.php/rencima/issue/view/60/showToc. Acesso em: 18 mar. 2020.

PINHEIRO, R. M. S.; ECHALAR, A. D. L. F.; QUEIROZ, J. R. O. O conceito de célula no processo de ensino e aprendizagem: relações entre os modos de fazer ciência, ensinar e aprender. Revista contexto e educação, Rio Grande do Sul, Unijuí, v. 37, n. 118, p. 1-19, maio/ago., 2022. Disponível em: https://www.revistas.unijui.edu.br/index.php/contextoeducacao/article/view/11468. Acesso em: 5 fev. 2023.

POZO, J. I. Aprendizagem de conteúdos e desenvolvimento de capacidades no ensino médio. *In*: COOL, C.; GOTZENS, C.; MONEREO, C.; ONRUBIA, J.; POZO, J. I.; TAPIA, A. **Psicologia da aprendizagem no ensino médio**. Tradução de Maria Cristina Oliveira. Porto Alegre: Artmed, 2003, p. 43-66.

POZO, J. I.; GÓMEZ CRESPO, M. Á. **A aprendizagem e o ensino de ciências**: do conhecimento cotidiano ao conhecimento científico. Tradução de Naila Freitas. 5. ed. Porto Alegre: Artmed, 2009.

RODRIGUES, S. C. **O desenvolvimento subjetivo do estudante indisciplinado:** ampliando olhares sobre a emergência do sujeito. 2019. 180 f. Dissertação (Mestrado em Processos de Desenvolvimento Humano e Saúde) – Universidade de Brasília, Brasília, 2019.

ROSSATO, M. A emergência do sujeito em diferentes contextos de pesquisa e práticas sociais. *In*: MARTÍNEZ, A. M.; TACCA, M. C.; PUENTES, R. V. (org.) **Teoria da subjetividade como perspectiva crítica**: desenvolvimento, implicações e desafios atuais. Campinas: Alínea, 2019. p. 119-138.

ROSSATO, M. Contribuições da epistemologia qualitativa na mobilização de processos de desenvolvimento humano. *In*: MITJÁNS MARTÍNEZ, A.; GONZÁLEZ REY, F. L.; PUENTES, R. V. (org.). **Epistemologia qualitativa e teoria da subjetividade: discussões sobre educação e saúde**. Uberlândia: EDUFU, 2019. p. 71-92.

ROSSATO, M. **O movimento da subjetividade no processo de superação das dificuldades de aprendizagem escolar**. 2009. 257 f. Tese (Doutorado em Educação) – Universidade de Brasília, Brasília, 2009.

ROSSATO, M.; MARTINS, L. R. R.; MITÍJANS MARTÍNEZ, A. A construção do cenário social da pesquisa na perspectiva da epistemologia qualitativa. *In*: MITJÁNS MARTÍNEZ, A.; NEUBERN, M.; MORI, V. D. **Subjetividade contemporânea**: discussões epistemológicas e metodológicas. Campinas: Editora Alíneas, 2014. Cap. 2.

ROSSATO, M.; MITÍJANS MARTÍNEZ, A. A superação das dificuldades de aprendizagem e as mudanças na subjetividade. *In*: MITÍJANS MARTÍNEZ, A.; TACCA, M. C. V. R. **Possibilidades de aprendizagem**: ações pedagógicas para alunos com dificuldade e deficiência. Campinas: Alínea, 2011. p. 71-107.

ROSSATO, M.; RAMOS, W. M. Subjectivity in the development process of the person: complexities and challenges in the work of Fernando González Rey. **Studies in Psychology**, [*s. l.*], v. 41, n. 1, p. 31-52, 2020. DOI: https://doi.org/10.1080/02109395.2019.1710988. Acesso em: 30 out. 2020.

SÁ, R. G. B.; JÓFILI, Z. M. S.; CARNEIRO-LEÃO, A. M. A.; LOPES, F. M. B. Conceitos abstratos: um estudo no ensino da Biologia. **Revista da SBEnBIO**, Florianópolis, n. 3, p. 564-572, out. 2010. Disponível em: https://sbenbio.org.br/wp-content/uploads/edicoes/revista_sbenbio_n3/A057.pdf. Acesso em: 3 fev. 2023.

SADAVA, D.; HELLER, H. C.; ORIANS, G. H.; PURVERS, W. K.; HILLIS, D. M. **Vida**: a ciência da biologia: célula e hereditariedade. Tradução de Carla Denise Bonan *et al.* 8. ed. Porto Alegre: Artmed, 2009. 1 v.

SCHNETZLER, R. P. O professor de ciências: problemas e tendências de sua formação. *In:* SCHNETZLER, R.P.; ARAGÃO, R.M.R. (org.). **Ensino de ciências**: fundamentos e abordagens. Campinas: R. Vieira Gráfica e Editora Ltda, 2000. p. 12-41.

SEGURA, R. J. La desmotivación en clases de biología. **Bio-grafía**: escritos sobre la biología y su enseñanza, Colombia, ed. extra., p. 940-945, 2013. Disponível em: https://revistas.pedagogica.edu.co/index.php/bio-grafia/issue/view/226. Acesso em: 23 mar. 2020.

SISTO, F. F. Dificuldades de aprendizagem. *In*: SISTO, F. F.; BORUCHOVITCH, E.; FINI, L. D. T. (org.). **Dificuldades de aprendizagem no contexto psicopedagógico**. 4. ed. Petrópolis: Vozes, 2001, p. 19-39.

TACCA, M. C. V. R. As relações sociais como alicerce da aprendizagem e do desenvolvimento subjetivo: uma abordagem pela teoria da subjetividade. *In*: MITJÁNS MARTÍNEZ, A.; GONZÁLEZ REY, F. L.; PUENTES, R. V. (org.). **Epistemologia qualitativa e teoria da subjetividade**: discussões sobre educação e saúde. Uberlândia: EDUFU, 2019. p. 135-156.

TACCA, M. C. V. R. O professor investigador: criando possibilidades para novas concepções e práticas sobre ensinar e aprender. *In*: MITJÁNS MARTÍNEZ, A.; TACCA, M. C. V. R. **A complexidade da aprendizagem**: destaque ao ensino superior. Campinas: Alínea, 2009.

TACCA, M. C. V. R. Estratégias pedagógicas: conceituação e desdobramentos com foto nas relações professor-aluno. *In*: TACCA, M. C. V. R. (org.). **Aprendizagem e trabalho pedagógico**. Campinas: Alínea, 2006. p. 45-68.

TEIXEIRA, P. M. M. **Pesquisa em ensino de Biologia no Brasil [1972-2004]**: um estudo baseado em dissertações e teses. Tese (Doutorado em Educação) – Universidade Estadual de Campinas, Campinas, 2008. Disponível em: http://repositorio.unicamp.br/bitstream/REPOSIP/251678/1/Teixeira_PauloMarceloMarini_D.pdf Acesso em: 10 ago. 2021.

TEIXEIRA, P. M. M.; MEGID NETO, J. Uma proposta de tipologia para pesquisas de natureza interventiva. **Revista ciência e educação**, Bauru, v. 23, n. 4, p. 1055-1076, 2017. DOI: https://doi.org/10.1590/1516-731320170040013. Acesso em: 18 ago. 2021.

VAIANO, B.; CARBINATTO, B.; ELER, G. Vírus: vida e obra do mais antigo dos seres. **Superinteressante**, São Paulo, [ca. 2021]. Disponível em: https://super.abril.com.br/especiais/virus-vida-e-obra-do-mais-intrigante-dos-seres. Acesso em: 20 jun. 2021.